功能性肥料概论

王艳芹 等 著

中国农业出版社

北 京

著者名单

主　著　王艳芹　刘兆东　范永强

副主著　巩俊花　邵明升　王　浩

参　著　付龙云　李　彦　付国成　仲子文

　　　　　刘仕强　薄录吉　井永苹　齐煜蒙

　　　　　张英鹏　李光杰　李秀霞　常守瑞

　　　　　李素珍　李治强　宋孝红　张文重

　　　　　张志军　高俊岭　韩　冰　鲁　艳

　　　　　范　琪

前言
FOREWORD

　　我国是一个农业和人口大国,同时也是肥料和农药生产与消费大国。在我国农业生产由传统农业向现代农业发展的过程中,由于受农民文化程度和农业技术推广水平的制约,农业生产主要依赖大量施用化学肥料和农药,据不完全统计,2013 年我国农业种植业化学肥料施用量为 5 911.9万 t,比 2000 年增长 42.3%,比 2010 年增长 6.3%,平均施用量达到了 400kg/hm² 以上,远远超出发达国家 225kg/hm² 的安全上限,已成为世界上施用化学肥料数量最多的国家。

　　我国耕地灌溉率高达 51%,是世界平均水平的 2.68 倍。据统计,我国耕地灌溉面积达 10.55 亿亩,耕地灌溉亩均用水量为 347m³。目前,我国农业用水的效率非常低,农田灌溉水有效利用系数为 0.576(以色列达 0.87,澳大利亚和俄罗斯 0.8 左右),离世界先进水平仍有较大差距。许多地区落后的灌溉技术已不再适应现代农业持续发展的要求,部分地区过量用水造成生态环境恶化。

　　我国人多地少水缺,据 2001 年国家统计局公布的相关数据,我国人均耕地面积 1.59 亩,不到世界平均水平的一半。据第三次全国国土调查主要数据公报,一年三熟制地区的耕地占全国耕地的 14.73%。我国近半耕地仅一年一熟,耕地质量本底不高,中低产田面积较大,近半耕地分布在山地丘陵地区。因此，为了实现农产品产量快速提升，满足我国粮食安全的需要，我国农业生产已经采用集约型农业发展模式，但土壤连作严重，化肥农药大量投入使用，地下水过度开采，农业环境污染严重，耕地功能不断退化，使农业资源环境承受巨大压力。

我国农业生产的不合理或农业不科学的生产方式快速发展直接影响土壤生态系统的结构和功能，最终对土壤生态安全构成威胁。具体表现在以下几点：

第一，耕作层变浅。我国农田长期采用机械耕作和人工作业，对其造成碾压，加之降雨和灌水沉实，大部分农田土壤耕层变浅，有效活土层在 15 cm 左右，"犁底层"上移并加厚，形成了坚硬、深厚的阻隔层，阻碍了土壤水分、养分和空气的上下运行与作物根系下扎延伸，土壤蓄水能力越来越差，抗旱性能不断下降。

第二，土壤有机质含量降低。我国多数农田长期不施用有机肥，特别是在实行家庭联产承包责任制的第一个 30 年，很少进行秸秆还田，土壤有机质长期得不到补充，再加上化学氮肥超量施用，加剧了土壤碳的耗竭，致使土壤有机质含量严重不足。

第三，土壤趋于酸化。土壤酸化主要是由酸雨、过量使用化学氮肥和施用生理酸性肥料并长期种植豆科作物（如大豆和花生等）引起的。土壤酸化会引起土壤养分供给率降低，土壤有害重金属活化，土壤有害微生物特别是寄生性真菌增加，土壤贫瘠化加速，土传病害的发生加重。

第四，土壤次生盐渍化。由于长期过量使用化学肥料，土壤中的盐分不断积累，尤其是硝酸盐，这些盐分聚集到地表，导致土壤表层次生盐渍化，轻则破坏土壤结构，影响种子发芽出苗和对养分的吸收，使作物生长不良，重则造成植物生理干旱，营养吸收受阻，再甚者可导致植物因盐害而死亡，永久失去农业利用价值。

第五，土壤氮、磷、钾营养元素比例失调，中微量元素严重缺乏。在日常生产管理中，绝大多数农民不按照土壤条件和作物需肥特性施肥，往往只大量施氮、磷肥，少量施用钾肥，长期不施中微量元素肥料，致钾素匮乏，土壤中微量元素耗竭，土壤中大量元素与中微量元素的比例严重失调。

第六，土壤结构被破坏，板结严重。土壤缺乏有机肥补充，耕作、灌溉不合理和化肥的大量施用，加剧了土壤团粒结构的破坏，致使土壤板结越来越严重，直接影响土壤的自然活力和自我调节能力。

第七，土壤侵蚀。土壤侵蚀主要分为水蚀、风蚀和耕蚀。农民把山坡垦作农田，尤其是坡度大于 $15°$ 的坡地，年复一年的耕作，造成垦殖过度，引起严重的水土流失；其次是开垦后没有实施保护性耕作，如坡地改梯田后，进行水平沟耕作，随意挖地耕翻，即造成耕蚀，加剧了风蚀和水蚀。土壤如此长期流失，必然导致土壤过沙，保水保肥能力降低。

第八，设施农业包括老果园土壤综合障碍严重。设施栽培是在全年封闭或季节封闭环境下进行农业生产，老果园果树栽培基本按照一种模式长年固化管理，由于高度集约化、高复种指数、高肥料投入、高农药用量、过量灌水、过度耕作与践踏等高强度、高频率的人为干扰，土壤长期处于高产负荷运转状态，土壤健康状况急剧恶化，一般种植 2~3 年就出现了土壤营养失衡、土壤酸化、土壤次生盐渍化、土壤有害物质积累、土壤微生物种群多样性下降和土壤功能退化等现象。

为了适应我国农业和农村经济结构战略性调整的需要，自2004年以来，中央连续发布以"三农"为主题的一号文件，特别是在2007年的中央一号文件中，明确指出积极发展新型肥料、低毒高效农药、多功能农业机械和可降解农膜等新型农业投入品，优化肥料结构，加快发展适应不同土壤类型和不同作物特点的肥料，鼓励支持新型肥料的技术创新、开发和应用。农业部2015年印发的《到2020年化肥使用量零增长行动方案》《到2020年农药使用量零增长行动方案》指出，通过调整化肥使用结构，大力推广高效环保的新型肥料，使化肥利用率达到40%以上；实施耕地质量保护与提升行动，改良土壤、培肥地力、控污修复、治理盐碱、改造中低产田，普遍提高耕地地力等级。围绕建立资源节约型、环境友好型病虫害可持续治理技术体系，实现农药使用量零增长。同年，工业和信息化部印发的《工业和信息化部关于推进化肥行业转型发展的指导意见》中指出，要大力发展新型肥料，提出"力争到2020年，我国新型肥料施用量占总体化肥施用量的比重从不到10%提升到30%"。2016年5月，国务院印发了《土壤污染防治行动计划》，强调"三农"问题的重要性，也为当前和今后一个时期全国土壤污染防治工作指明了方向和明确了奋斗目标。

鉴于此，我们结合我国的肥料现状，编写了《功能性肥料概论》一书。在本书编写过程中，力求体现我国肥料的安全性、科学性、先进性和实用性，对我国目前生产中的功能性肥料的性质、对土壤和农作物的作用进行比较系统的描述。由于时间紧迫，水平有限，经验不足，书中错

误和疏漏之处在所难免，恳请广大读者批评指正，以便再
版时修正。

著　者

2024 年 4 月于山东

目录
CONTENTS

第一章

缓释/控释肥料

肥料是建设现代化农业的重要支撑，对于保障粮食安全和促进农民增收具有十分重要的作用。经济社会发展逐渐向全面绿色转型，这就要求农业生产既要保障粮食等重要农产品有效供给，又要着力维护良好的生态环境，促进节约集约利用资源和保育保护生态环境，全面推动农业绿色低碳发展，这对施肥技术创新和肥料行业产品结构升级提出了新的要求。因此，根据与作物—土壤—环境系统相匹配的植物营养调控原理，加强肥料新产品、新技术集成创新和推广应用，提升肥料产品性能，提高肥料利用率，实现化肥减量增效和肥料产业高质量发展，成为我国教学科研机构、龙头企业、农技推广部门的重要任务。开发缓释/控释肥料成为肥料行业转型升级的重要方向，在我国具有广阔的发展空间和巨大的市场潜力。

一、缓释/控释肥料的基本概念

美国植物食品管理机构协会（AAPFCO）于 1995 年提出，缓释/控释肥料是一种含有植物所需养分的肥料，它不但能延长植物对有效养分吸收利用的有效期，而且比速效肥料（例如硝铵、尿素、磷铵、氯化钾）对植物的供肥期要长得多。该机构在1997年公布了缓释肥料和控释肥料的官方术语和定义。按习惯一般将对土壤环境比较敏感、不易控制、能为微生物分解的含氮化合物（脲醛类）称为缓释肥料，而将那些养分释放速率能与作物需肥规律相匹配的肥料（如包膜或胶囊包裹肥料）称为控释肥料，即缓释肥料的高级形式。

国际肥料工业协会（IFA）将用尿素和醛类化合物缩合生产的肥料称为缓释肥料，包膜或胶囊肥料称为控释肥料，而添加抑制剂的肥料称为稳定性肥料。广义上来说，国内则将这些肥料统称为缓控释肥料或长效肥料。缓控释肥料的定义为以各种调控机制使其养分释放延缓，延长植物对其有效养分吸收利用的有效期，使其养分按照设定的释放率和释放期缓慢释放或控制释放的肥料［《缓控释肥料》（HG/T 3931—2007）］。缓控释肥料养分释放速率缓慢，释放期较长，能够基本满足作物全生育周期的养分需求。但狭义上来说，缓释肥料和控释肥料又有各自不同的定义。

▶ **（一）缓释肥料的基本概念**

缓释肥料是指通过养分的化学复合或物理作用，使其对作物的有效态养分随着时间而缓慢释放的化学肥料［《缓释肥料》（GB/T 23348—2009）］。国际标准化组织肥料与土壤调理剂标准化技术委员会（ISO/TC 134）对缓释肥料的定义为"一种肥料所含的养分是以化合物或以某种物理形态存在，以使其养分对植物的有效期延长"。缓释肥料主要是指施入土壤后转变为植物有效养分的速度比普通肥料缓慢的肥料，其养分释放速率远小于其在土壤中正常溶解的速率，养分缓慢转化为有效态养分。这类肥料的养分缓慢释放通过生产工艺技术措施和施肥方式实现，但是受肥料自身特性和土壤、气候等环境条件的影响，其养分释放速率、释放方式和持续时间不可控。

▶ （二）控释肥料的基本概念

控释肥料是指能按照设定的释放速率和释放时期来控制养分释放的肥料［《控释肥料》（HG/T 4215—2011）］。控释肥料的英文名称是"Controlled Release Fertilizer"，美国施可得（Scotts）公司给出的定义为"控释肥料是能够控制养分供应速度的肥料"。目前，学术界主流观点认为，现在称之为控释肥料的包膜和包囊肥料，并不是真正意义上的控释肥料，真正的控释肥料，应该指的是根据平衡施肥理论和作物在生长发育过程中的不同营养阶段需求特性、连续性等规律，融合作物—土壤—环境的植物营养循环原理，通过工业制造技术，用物理、化学、物理化学及生物化学等手段，调节和控制肥料养分的缓释和促释频率，结合适宜的农艺和施肥技术，调控氮、磷、钾及必要的中微量元素等养分的供应强度与供应量，使肥料中的主要营养元素以可给态的形式适时地释放出来，供作物吸收利用，达到供肥缓急相济，缓释和促释协调推进的目的，实现对作物的"精准给肥"。

在此基础上，施可丰化工股份有限公司和华南农业大学于 2008 年提出"作物同步营养肥"的概念。华南农业大学樊小林教授提出同步营养肥"三条曲线"理论：一是作物需肥曲线或规律，即作物吸收利用养分的曲线和规律；二是控释肥料养分释放曲线或规律，即肥料供肥特点；三是土壤保肥、供肥曲线或规律。简而言之，作物生长所需氮、磷、钾等养分来自土壤和肥料，如果作物需肥、肥料释放与土壤保肥供肥"三条曲线"基本同步，农业生产就会节本增收。同步营养肥就是依据"三条曲线"理论进行研发，是控释肥料的研发方向。

二、缓释/控释肥料的种类

目前市场上缓释/控释肥料的种类繁多，按照制造工艺技术的不同，可分为物理包膜法、化学合成法、生物化学-物理包膜法等几种类型。按照使用的材料不同可以分为无机材料和有机材料两大类。

无机材料主要有硫黄、凹凸棒土、膨润土、硅藻土、高岭土、滑石粉、碳粉、钙镁磷肥、磷酸盐、硅酸盐、磷石膏等。

有机材料主要有天然有机材料和合成有机材料两类。天然有机材料有松节油、桐油、蓖麻油、棕榈油等植物油和纤维素、木质素等植物提取物。合成有机材料主要有热固性树脂和热塑性树脂。热固性树脂有聚氨酯树脂、环氧树脂、醇酸树脂、不饱和聚酯树脂、酚醛树脂、丙烯酸树脂、密胺树脂、硅树脂等。其中以醇酸树脂、聚氨酯树脂、环氧树脂三种包衣材料最为常见。热塑性树脂有聚乙烯、聚丙烯、聚乙烯醇、聚苯乙烯等烯烃类物质。

三、缓释/控释肥料的释放原理

缓释/控释肥料释放原理与中国传统中医药学的中药丸剂的延长给药间隔，减少服药频率和给药剂量，提高安全性和有效性的原理类似。号称"金元四大家"之一的李杲（1180—1251 年）指出，"丸者缓也，舒缓而治之也"。中药丸剂，尤其是糊丸与蜡丸，因为含有大量的亲水性凝胶或难溶性辅料，药物溶出（或释放）缓慢，药效缓和而持久，药效成分具有明显的缓释、控释特征。可见我国古代的医学家早已认识到药剂药效成分延缓释放可以获得平稳持久的药效。

欧洲标准化委员会（CEN）综合了有关缓释/控释肥料养分缓慢或控制释放的释放率和释放时间的研究，提出了缓释/控释肥料应具备的几个具体标准：即在 25℃下，在 24h 内肥料中的养分释放率（即肥料由化学物质形态转变为植物可利用的有效形态的比率）不超过 15%；在 28d 内的养分释放率不超过 75%；在规定时间内，养分释放率不低于 75%。

楚召在发表的文章"缓释/控释化肥的研究现状及进展"中提出，"缓释"是指化学物质养分以远小于速溶性肥料施入土壤后转变为植物有效态养分的速率释放的过程。"控释"是指以各种调控机制使养分按照设定的释放模式（释放率和释放时间）与作物吸收养分的规律相一致的释放过程。缓释/控释肥料是在传统肥料颗粒的外面包裹或喷涂有机聚合物、无机材料等形成一层均匀的膜，膜的表面充满了肉眼看不到的孔隙，当缓释/控释肥料施入土壤后，土壤水分从膜孔进入肥料颗粒内部，溶解一部分养分，使溶解的养分通过微小的膜孔扩散到膜外，并按照设定的养分释放模式（释放率和持续有效释放时间）释放，与作物对养分的吸收规律同步，可以极大限度地提高肥料的利用率。

缓释/控释肥料释放的速度取决于土壤温度、膜材的性质及厚度。施入土壤后，土壤中的水分使膜内肥料颗粒吸水膨胀，肥料中的化学养分随着膜的缓慢溶解、水解或降解等逐渐转化成可以被作物有效吸收利用的形态，其释放速率受膜内外水汽压的控制，与土壤温度呈正相关。当温度升高时，植物生长加快，养分需求量加大，肥料释放速率也随之加快；当温度降低时，植物生长缓慢或休眠，肥料释放速率也随之变慢或停止释放。此外，作物吸收养分多时，肥料颗粒膜外侧养分浓度下降，造成膜内外浓度梯度增大，肥料释放速率加快，从而使养分释放模式与作物需肥规律一致。

缓释/控释肥料养分释放的速度还受土壤水分的影响。刘惠军等发表的文章"在设施农业条件下缓释肥养分释放与土壤水分状况之间的关系"中提出，缓释/控释肥料养分释放在田间持水量大于40%的条件下主要受积温的影响，但当田间持水量小于40%时就会抑制养分释放。土壤水分含量的变化，对肥料养分释放速率有较大的影响，原因是土壤水分含量影响养分离子扩散的难易程度、扩散范围以及土壤中所发生的物理、化学变化过程。土壤中离子的扩散系数与土壤水分含量呈正相关，土壤水分含量越低，养分扩散系数就越小，缓释肥的养分释放速率就会越低。

除以上因素外，缓释/控释肥料在释放时还受气候、土壤类型、土壤 pH、土壤微生物活动、灌溉水量、施肥技术等许多外在因素的影响，容易造成养分释放不均匀，养分释放速度与作物的营养需求不完全一致。

四、缓释/控释肥料的特点

▶ （一）提高肥料利用率，减轻对环境的污染

肥料养分采用缓慢释放的形式，改变了普通肥料养分供应过于集中的情况，减少了营养元素挥发、下渗的损失，减轻了对环境的污染；与普通化肥和复合肥相比，缓释/控释肥料的养分释放曲线与作物的需肥变化曲线更为接近，即肥料利用率更高，因而对作物的生长更为有利。一般缓释/控释肥料利用率比普通肥料可提高 10%～30%。

▶ （二）提高作物产量

缓释/控释肥料满足作物不同生长阶段对肥料的需求，使作物养分供应平稳有规律，避免作物脱肥与徒长。越来越多的研究表明，缓释/控释肥料可提高作物生长后期供肥能力，促进作物生长，最终提高作物产量，且在不同作物上均表现增产效果。

▶ （三）减少施肥量和施用次数

在目标产量相同的情况下，使用缓释/控释肥料比传统肥料可减少 10%～40% 的施肥用量；大多数缓缓释/控释肥料只需施用一次，无需再次追肥，可有效减少劳动成本。

▶ （四）调节土壤养分及理化性状

研究表明，施用包膜控释尿素比普通尿素能提高土壤全氮、碱解氮、硝态氮、铵态氮的含量，且包膜控释尿素可增强土壤多酚氧化酶、磷酸酶、脲酶活性，这些酶的活性与土壤养分密切相关。缓释/控释肥料可改善土壤的理化性状，尤其是土壤的孔隙度与大小孔隙的比例，增加土壤水分的有效性，改善土壤的保水、供水性能。

▶ （五）优化作物生理指标

缓释/控释肥料提高了作物生育期间的生理指标，如灌浆速率、光合速率、植株体含氮量、叶绿素含量等。缓释/控释肥料养分释放缓慢，与作物生长需肥规律基本一致，有利于作物的生长发育，也可以杜绝生产上由于底肥过多，导致根系周围盐分浓度过高而引起的烧苗现象。

五、缓释/控释肥料的发展概况

▶ （一）缓释肥料发展概况

1. 脲醛缓释肥料

脲醛缓释肥料是国际上最早实现商品化的一类缓释肥料。1948 年，美国 K. G. Clart 等人在世界上首次合成了脲醛缓释肥料，最先由巴斯夫公司（BASF）于 1955 年投入生产，成为第一个商品化生产的缓释氮肥。当前市场上缓释肥料主要以化学合成的脲醛缓释肥料为主。脲醛缓释肥料是以尿素和醛类在一定条件下反应制得的含有或部分含有有机微溶性氮的缓释肥料。上海化工研究院有限公司等单位牵头制定的《脲醛缓释肥料》（GB/T 34763—2017）标准于 2017 年成为 ISO 国际标准。化学合成缓释肥料主要是指通过共价键或者离子键将化学成分键合到高分子聚合物上，通过土壤中的微生物或者酶的水解作用使化学键断裂，缓慢释放出养分的一类肥料。目前商品化的脲甲醛、异丁叉二脲、丁烯叉二脲、聚磷酸铵、草酰胺等都属于化学合成缓释肥料，其中脲醛缓释肥料的应用范围最广，其销售量约占化学合成缓释肥料的一半。

2. 硫包衣尿素

硫包衣尿素（SCO）于 1961 年由美国 TVA 公司研制开发，并于 1967 年正式进行商业生产。硫包衣尿素是由硫黄包裹颗粒尿素，聚合微晶蜡密封剂制成的一种包衣缓释肥料〔《硫包衣尿素》（GB/T 29401—2020）〕。2015 年，由中国肥料和土壤调理剂标准化技术委员会等单位主导起草的《硫包衣尿素　要求》及《硫包衣尿素　分析方法》成为中国肥料行业首例国际标准。硫包衣尿素又称硫包膜尿素、涂硫尿素、包硫尿素或硫包尿素，兼顾缓释氮肥和硫肥的功效，是一类可缓慢释放氮素的缓释肥料。

3. 涂层尿素

涂层尿素是一类与硫包衣尿素类似的缓释肥料，20 世纪 80 年代由广州氮肥厂研制成功。1990 年，被列入国家星火计划项目，同年，中国科学院石家庄现代农业研究所将该技术引入北方。涂层尿素是在普通尿素颗粒表面喷涂一层含有铁、锌、锰、钼、硼等微量元素的特制溶液，形成一层胶体物薄膜，经过干固氧化而成为橙黄色圆形颗粒。它无毒、无污染,比普通尿素的物理和农学特性更好,改善了尿素质量,与等量普通尿素相比,平均提高氮素利用率6%,增产率10%左右。

4. 无机包裹型肥料

无机包裹型肥料是20世纪80年代后期,由郑州大学化工学院许秀成教授领导的课题小组开发,又叫肥包肥或包膜复肥。无机包裹型肥料是主要以一种或多种枸溶性或微溶性无机肥料、无机化合物或矿物包裹水溶性颗粒肥料而形成的具有缓释性能的复混(复合)肥料。包裹层通常由枸溶性钙镁磷肥、磷酸铵镁、磷矿粉、磷酸氢钙及含钙、镁、硅、微量元素的化合物的一种或几种所构成。被包裹物通常为粒状尿素、硝酸铵、硝酸钾,也可用粒状硝酸磷肥、磷酸一铵、磷酸二铵或经过预成粒的氯化钾、硫酸钾[《无机包裹型复混肥料(复合肥料)》(HG/T 4217—2011)]。无机包裹型肥料主要通过控制水溶性尿素(或硝铵)的氨化和硝化过程,减少损失,提高氮肥利用率。该肥料生产技术特点是以肥包肥,成本较低,无二次污染。它的优点是通过用钙镁磷肥包裹尿素,大大降低尿素在土壤中的溶解速度,从而大幅度提高氮肥的利用率。以钙镁磷肥作为包裹层,可为作物提供丰富的活性钙、镁、磷等大量中量营养元素,不仅有利于作物的营养平衡,同时也能提高作物抗病、抗倒伏能力,在我国肥料市场有广阔的应用前景。根据中国农业科学院王少仁研究员所做的盆栽和田间试验,证明钙镁磷肥包裹型复合肥料氮肥利用率提高7.74个百分点,较普通复混(复合)肥料在多种作物上表现出的增产效果提高10%~15%。

5. 控失型肥料

控失型肥料又称"含肥效保持剂肥料",指在肥料中按一定比例添加肥效保持剂制成的肥料〔《含肥效保持剂肥料》(HG/T 5519—2019)〕。肥效保持剂是主要以活性层状硅酸盐类(如海泡石、高岭土、凹凸棒石)和功能性高分子材料(聚乙烯醇、聚丙烯酰胺、改性淀粉)按一定比例复配制成的,在土壤中遇水可形成蓬松团聚体的粉体或颗粒制剂。

控失型肥料是中国科学院合肥物质科学研究院、中国科学院强磁场与离子束物理生物学重点实验室以控制化肥养分流失和为减少因化肥养分流失而导致的农业面源污染为切入点,通过对凹凸棒土等多种天然矿物质材料进行物理和生物改性,并与发酵复合氨基酸、高端有机材料等精准复配,创制出具有吸附、搭桥、吸水、形成胶团、增效等多种复合功能的"化肥养分控失剂",并利用其形成的互穿分子网捕捉氮素而开发出的一类缓释肥料。控失型肥料具有肥效期长、养分利用率高、增产幅度大、施用方便、节约工本等特点,可以提高氮素利用率6~13个百分点。已在河南心连心化学工业集团股份有限公司、中盐安徽红四方股份有限公司、安徽六国化工股份有限公司等企业实现产业化。

▶ (二)控释肥料发展概况

1. 国外控释肥料发展概况

控释肥料的研究始于20世纪40~50年代的美国,随后,日本、德国、加拿大、英国、以色列、法国等国家迅速跟进。其中,美国和日本在控释肥料的研究和应用领域均居世界前列。

1957 年，美国 TVA 公司开始进行硫包衣尿素的研制，于 1961 年研制成功。1964 年，美国 ADM 公司研制出以二聚环戊二烯和丙三醇的共聚物树脂做包膜的控释肥料，商品名为"Osmocote"。Osmocote 于 1993 年被美国施可得（Company）公司购得，该公司是世界园艺肥料、草坪肥料以及特种农业肥料的领导者。目前，硫包衣尿素 Osmocote 仍是世界上热固性树脂包膜肥料的代表产品。1966 年，美国杜邦公司提出用甲醛气体与尿素粒肥在酸性催化剂作用下缩合，制备脲甲醛包膜尿素。20 世纪 80 年代以后，美国对硫包衣尿素工艺进行改进，在包硫层外面再加上聚合物层，进一步控制肥料的养分释放。这些聚合物主要包括松香树脂、醇酸树脂与不饱和油脂及其共聚物。美国 Scotts 公司于 2004 年研制出一种叫作"CitriBlend"的片状控释肥料，只需在柑橘根部施入 3～5 片，就能满足其一个生长季节的氮素需求。由于控释肥料成本较高，美国大多应用于高尔夫球场草坪、苗圃、温室及高档观赏植物。

日本在 20 世纪 60 年代，研制出以聚烯烃和聚乙酸乙烯酯的共聚物为包膜材料并添加滑石粉制成的包膜肥料，用于花卉、蔬菜种植。1970 年，日本昭和电工株式会社研制出一种热固性树脂包膜肥料。1974 年，日本智索株式会社在专利中介绍了聚烯烃材料包衣的方法，该公司生产的"Nutricote"和"Meister"肥料是热塑性树脂包膜肥料的代表产品。1975 年，日本三井东亚化学株式会社在美国 TVA 公司公开硫包衣尿素技术的基础上，采用聚酯树脂和微晶石蜡作为包膜材料，生产热塑性树脂包膜肥料。随后，日本多家公司开发出具有日本特色的 POCF 工艺热塑性树脂包膜肥料。1991 年，藤田诚（Fujita）开发出可降解的聚乙烯基醋酸纤维素包膜材料。1994 年，三菱化学株式会社采用低密度聚乙烯、聚环氧乙烷、壬基苯基醚的悬浮液，添加滑石粉制成 L 型（正常释放）、S 型（延迟释放）两种包膜尿素。日本住友化学株式会社研制出由热固性树脂包膜并含农药的控释肥料。日本多木化学株式会社选生物降解型热固性醇酸聚氨酯树脂作为包衣剂生产控释肥料。2009 年 10 月，由日本智索株式会社、三菱化学集团、旭化成株式会社的肥料业务统合而成的 JCAM AGRI 公司，成为日本最有实力的肥料公司。

加拿大加阳公司（Agrium）采用植物油改性聚氨酯反应层包膜工艺，利用多元醇与肥料氮素中的氨基结合，然后用异氰酸盐与多元醇反应成膜，外层包裹有机蜡，实现 4% 甚至 3% 的包衣率，大大降低了包膜成本。

欧洲国家以含氮微溶性化合物为主要包膜材料，德国主要以聚合物为包膜材料，巴斯夫集团（BASF）开发了用聚乙烯乙酸酯和 N-乙烯吡咯烷酮制成的包膜肥料，以及由可生物降解的聚合物、醋酸纤维素、织物、木质纤维素等制成的包膜肥料。BASF 的子公司德国康朴公司（COMPO）于 1998 年推出用弹性聚合物包膜的控释肥料，可控制肥料释放或适时释放养分。英国是在磷酸盐中引入钾、钙、镁，形成玻璃态控释肥，而氮以石灰氮（$CaCN_2$）形式加入。法国开发出两类控释肥料，一类是用三聚磷酸钠或六偏磷酸钠包裹金属氮化物的肥料，另一类是把聚合物包膜肥料与有益微生物结合制成的肥料。荷兰开发了一种用菊粉、甘油、土豆淀粉与肥料捏合制成的生物可降解的包膜肥料。西班牙将松树木质素纸浆废液作为包衣尿素的包膜材料。

以色列海法（Haifa）化工集团有限公司最早以脂肪酸金属盐及石蜡包裹硝酸钾（KNO_3）制成商品名为"Multicote"的肥料产品，1988年取得欧洲专利。1992年研制出石粹酸工业副产物氟硅化合物，1993年将氟硅化合物改为聚合物包膜材料，现在Haifa公司已发展成为品种齐全的控释肥料世界供货商。

印度利用栋树仁提取物及南亚特产虫胶包膜尿素。泰国盛产橡胶，以天然橡胶乳液作为包膜材料。埃及开发了以丁苯橡胶为包膜材料，以硫黄、氧化锌、硬脂酸、二苯基胍为硫化添加剂制成的硝酸铵包膜控释肥料。

2. 国内控释肥料发展概况

我国控释肥料的研究开发从20世纪60年代开始，先后经历了探索与起步阶段、发展与提升阶段、创新与突破阶段三个阶段。

（1）探索与起步阶段（20世纪60年代至1995年）。20世纪60—70年代，中国科学院南京土壤研究所李庆逵主持开展长效碳铵研究，1974年，开发了"钙镁磷肥包裹碳酸氢铵的无机包裹型肥料"。1973年，辽宁盘锦农科所研制出沥青、石蜡包膜碳铵等。从20世纪80年代开始，国内肥料研究机构开始重视包膜肥料的研究。1983年开始，郑州大学工学院利用钙镁磷肥包裹尿素，以枸溶性磷包裹复混肥粒，制得无机包裹型肥料。1985年，北京市园林科学研究所与化学工业研究所联合开发了酚醛树脂包膜肥料。1990年，浙江农业大学何念祖教授开发了聚合物包膜肥料。

（2）发展与提升阶段（1996—2005 年）。"九五""十五"计划期间，北京市农林科学院、山东农业大学、中国农业大学、华南农业大学、中国科学院南京土壤研究所、中国科学院沈阳应用生态研究所、中国农业科学院等多所大学和研究机构的科技工作者相继承担了国家和地方的控释肥料研制课题，取得了一系列研究成果。

北京市农林科学院是国内较早从事控释肥料研究开发的单位，徐秋明研究员等开发了以沸石粉为包衣材料，以松节油、正辛烷、正壬烷混合溶液为溶剂的热塑性树脂包膜和聚氨酯原位反应成膜技术，形成了第一代溶剂型生产工艺。山东农业大学张民教授以回收热塑性树脂、改性环氧树脂和高分子聚合物等为包膜材料，制备出一种可以快速固化成膜的包膜型控释肥料，形成了溶剂型生产工艺。华南农业大学樊小林教授以可降解的蓖麻油和大豆油作为包膜材料，形成第二代无溶剂生产工艺。首创无溶剂包膜控释工艺、致孔和密封控释技术、养分高效的同步营养技术，研制了玉米、香蕉、水稻、油菜等作物专用同步营养肥及轻减施用模式。

（3）创新与突破阶段（2006 至年今）。2006 年至今，在我国"十一五"国家科技支撑计划重点项目"新型高效肥料创制"，"十二五"国家科技支撑计划"新型缓控释肥与有机肥开发关键技术研究与产业化示范"，"十三五"国家重点研发计划"新型缓/控释肥料与稳定肥料研制"等项目的支持下，系统开展了油脂改性包膜、纤维素改性包膜、聚醚类聚氨酯包膜、改性水基聚合物包膜、纳米复合包膜等控释肥料关键技术集成及产业化示范，包膜肥料技术经过集成和创新，产品生产成本较国外同类产品大幅降低，整体上已达到国际先进水平，在大田作物上的应用技术达到国际领先水平。在生产工艺上，研制了自动化控制侧喷旋流流化床等包衣设备及控释工艺，开发出无溶剂原位表面反应包衣控释技术、水基树脂控释技术，实现了控释肥生产过程的无溶剂、零排放，大大减少了环境污染。在国内建设了一批热固性树脂、热塑性树脂、加硫树脂、复合材料多层包膜工艺的控释肥料规模化生产线，推动了控释肥关键共性技术重大进展，为我国控释肥料规模化推广应用奠定了基础。

山东农业大学在金正大集团实现了热塑性树脂包膜型控释肥料的工业化生产。其核心技术是膜材料及相应的添加剂，通过调整配方可以设定膜上孔的数量、大小等，以此控制养分的释放。"新型作物控释肥研制及产业化开发应用"项目荣获 2009 年度国家科学技术进步奖二等奖。该校杨越超教授团队制备了一种多功能双层生物基包膜控释肥，该肥料同时具备缓释氮、硒和铜元素的能力。

华南农业大学的植物油包膜技术于 2008 年经农业部批准，在施可丰化工股份有限公司建立农业科技成果转化基地。经过十多年的研究推广，由樊小林教授主持，施可丰化工股份有限公司等单位参加的"植物源油脂包膜肥控释关键技术创建与应用"项目获得 2019 年度国家科学技术进步奖二等奖。该技术的主要特点：一是创制植物源油脂包膜材料，创建致孔和复式包膜控释技术，实现了膜材易降解、养分释放可调控；二是针对传统流化床规模化包膜效率低、成本高的问题，创建表面修饰膜材增韧和无溶剂包膜工艺，提高了流化床包膜效率，发明了自动化和连续化包膜工艺，实现了包膜智能化、连续化、高效化、无害化，降低了综合成本；三是针对包膜肥一次性施肥前期养分供应不足、后期过剩，常规化肥一次施用前期烧苗、后期缺肥，养分供需不吻合的问题，建立针对靶标作物专用的同步营养包膜肥有效施用模式，创建同步营养肥配制技术，制成了养分供需吻合、肥料利用率高的包膜肥并大面积应用。推广面积达 5 240 万亩[*]，产品辐射我国 90% 的香蕉产区和玉米主产区，使玉米、香蕉、水稻、油菜等作物增产 5.0%～31.4%，氮肥利用率提高 4.8～21 个百分点，节肥 15%～30%，省工 50%～86%。

安徽茂施农业科技有限公司开发了无溶剂可降解聚氨酯包膜技术，构建了可降解包衣材料的合成、控释肥设备制造和自动控制系统、含物联网技术的高效掺混设备生产技术体系，包衣率最低能达到 2.3%。相关设备已批量出口日本、韩国、澳大利亚、法国、美国、荷兰等发达国家，并获得欧洲 REACH 认证。

中国科学院南京土壤研究所采用水基原位反应成膜技术，合成了以铁-单宁为改性剂的自组装水基包膜控释材料，开发了水基包膜控释肥料产品，解决了水基包衣和养分控释不相容的问题。

中国农业大学胡树文教授研究团队研发出易降解高分子包膜材料，设计研制出一整套与膜材料相配套的可连续化、自动化生产新型包膜控释肥料的设备，在国内首次实现中试水平生产新一代环境友好型包膜控释肥料。

中国农业科学院农业资源与农业区划研究所肥料及施肥

---

* 亩为非法定计量单位，1 亩≈667m²。

技术创新团队结合温敏材料与控释技术，研制开发出一种养分释放与环境温度响应的温敏性聚氨酯包膜肥料，实现了养分响应温度变化的智能控释，可为实现肥料精准释放、提高肥料利用率、减肥增产提供理论依据，也为控释肥料的创制提供了新思路。

从事控释肥料研究的单位还有浙江大学、清华大学、北京化工大学以及山东、广东、湖南、浙江、新疆等省级农业科学院。其中部分控释肥料已达到了国外同类产品的质量标准和水平。我国控释肥料研发正向着实现精准控释、成本低廉、种类多样、环境友好的目标稳步迈进。

第二章

稳定性肥料

一、稳定性肥料的基本概念

稳定性肥料是指经过一定工艺加入脲酶抑制剂和（或）硝化抑制剂，使肥料施入土壤后能通过脲酶抑制剂抑制尿素的水解，和（或）通过硝化抑制剂抑制铵态氮的硝化，使肥效期得到延长的一类含氮肥料（包括含氮的二元或三元肥料和单质氮肥）[《稳定性肥料》（HG/T 35113—2017）]。

稳定性肥料的核心技术是抑制剂。所谓"抑制剂"就是对土壤中脲酶和硝化细菌等起抑制或阻滞其活性和生长的物质，通过抑制脲酶和硝化细菌活性，人为地延迟氮素养分释放高峰期，延长氮肥的有效期，调整土壤中铵态氮和硝态氮的比例，以使其与作物的营养吸收规律尽量吻合，从而提高肥料利用率。

▶ （一）脲酶抑制剂

脲酶抑制剂是在一定时期内阻滞或抑制尿素或含氮肥料中土壤脲酶的活性，从而延缓土壤中尿素水解过程的一类物质。脲酶抑制剂种类根据来源和结构的不同主要分为磷胺类化合物、酚醌类化合物、杂环类化合物、尿素类似物、重金属离子类、巯基类化合物、氧肟酸类化合物以及硼酸及其衍生物等。常见的有 N-丁基硫代磷酰三胺（NBPT）、1,4-对苯二酚（氢醌，HQ）等。脲酶抑制剂抑制脲酶的途径主要包括对脲酶蛋白中对酶促反应有重要作用的巯基（-SH）发挥抑制作用，争夺配位体，抑制或延缓脲酶的形成（表2-1）。

表2-1　常见的脲酶抑制剂种类

类别	化合物
磷胺类	环乙基磷酸三酰胺（CNPT）、硫代磷酰三胺（TPT）、磷酰三胺（PT）、N-丁基硫代磷酰三胺（NBPT）、N-丙基磷酰三胺（NPPT）、N-丁基磷酰三胺（NBPTO）、苯基磷酰二胺（PPD）、环乙基硫代磷酸三酰胺（CHTPT）等
酚醌类	P-苯醌、醌氢醌、蒽醌、菲醌、1,4-对苯二酚、邻苯二酚、间苯二酚、苯酚、甲苯酚、苯三酚、茶多酚等
杂环类	六酰胺基苯环三磷腈（HACTP）、硫代吡啶类、硫代吡唑-N-氧化物、N-卤-2咪唑艾杜烯、NN-二卤-2-咪唑艾杜烯
其他	楝树胶、腐植酸、硼酸、汞盐、银盐、木质素、硫酸铜、硫脲、菜籽饼

（二）硝化抑制剂

硝化抑制剂是指在一定时期内，通过抑制土壤中亚硝化细菌的活性，减缓铵态氮向硝态氮转化的一类化合物。主要包括含硫化合物、氰胺类化合物、乙炔及乙炔基取代物和杂环氮化合物等四大类，具有代表性的包括双氰胺（DCD）、2-氯-6-三氯甲基吡啶（CP）、3,4-二甲基吡唑磷酸盐（DMPP）等（表2-2）。这些产品抑制硝化过程的途径包括影响亚硝化细菌的呼吸作用和色素氧化酶活性等生物途径，以及影响氨氧化酶的金属离子、改变土壤微域环境等化学途径。

表2-2　硝化抑制剂种类及化学名称

品种	化学名称	品种	化学名称
Nitrapyrin	N-西吡	Ammonium thiosulfate	硫代硫酸铵
DCD	双氰胺	Ethylene Urea	亚乙基脲
CMP	1-甲氨甲酰-3-甲基吡唑	Potassium azide	叠氮钾
MP	3-甲基吡唑	Sodium azide	叠氮钠
C_2H_2	乙炔	Coated calcium carbide	包被碳化钙
Terrazole	氯唑灵	2,5-dichloroaniline	2,5-二氯苯胺
AM	2-氨基-4-氯-6-甲基嘧啶	3-chloroacetaniline	3-乙酰苯胺
ST	2-磺胺噻唑	Toluene	甲苯
ATC	4-氨基-1,2,4-三唑盐酸酸盐	Carbon disulphide	二硫化碳
Thiourea	硫脲	Phenylacetylene	苯乙炔
Guanylthiourea	胍基硫脲	2-propyn-1-ol	2-丙炔-1-醇
1-amidino-2-thiourea	1-脒基-2-硫脲	DSC	N-2,5-二氯苯基琥珀酰胺
DMPP	3,4-二甲基吡唑磷酸盐	MBT	2-巯基苯并噻唑
Ethylene Urea	亚乙基脲	AOL	氨氧化木质素
Propyne	丙炔	2-amino-4-chloro-6-methyl-pyrimidine	2-氨基-4-氯-6-甲基嘧啶

二、稳定性肥料的作用机理

稳定性肥料的核心技术是抑制剂，抑制剂由单一型逐渐过渡到复合型。稳定性肥料也逐渐由基础型过渡到专用型和复合型。

▶ **（一）脲酶抑制剂型**

尿素或含氮复合肥在施入土壤后，在土壤脲酶的作用下，迅速水解，产生氨气，造成氮素的大量损失。稳定性肥料 1 型主要利用脲酶抑制剂抑制土壤脲酶活性，减少氮素的挥发损失。脲酶抑制剂的作用机理有以下 3 种：

①氧化脲酶的巯基，降低脲酶活性。

②争夺配位体，降低脲酶活性。

③抑制或延缓脲酶的形成。通过抑制脲酶活性延缓尿素或含氮肥料中氮素水解，延长尿素在土壤中存留的时间，进而提高肥料中氮素的利用率。

▶ **（二）硝化抑制剂型**

主要利用硝化抑制剂抑制土壤中亚硝化细菌等微生物的活性，通过阻断或抑制土壤中铵态氮向硝态氮的转化，延长铵在土壤中的存留时间，从而减少硝态氮因不能被土壤保存而出现的淋溶损失，以及发生反硝化作用可能造成的氧化亚氮气体排放的损失。其抑制途径主要有以下 4 种：

①通过直接影响亚硝化细菌呼吸作用过程中的电子转移和干扰细胞色素氧化酶的功能，使亚硝化细菌无法进行呼

吸，从而抑制其生长繁殖，如双氰胺。

②通过螯合氨单加氧酶（AMO）活性位点的金属离子来抑制硝化反应，如 Nitrapyrin。

③作为 AMO 底物参与催化，使催化氧化反应的蛋白质失活，从而抑制硝化作用，如乙炔。

④影响土壤氮的矿化和固持过程，从而对土壤硝化过程表现出抑制作用，如单萜等萜（烯）类化合物。

▶（三）复合抑制剂型

用于肥料生产选择的氮素原料不同，以及所用的抑制剂不同，施肥效果就有很大不同。单一使用脲酶抑制剂的有效作用时间较短，且仅能延缓氨挥发的时间，而不能减少其总损失；硝化抑制剂的作用效果则取决于尿素氮的水解产物在土壤中的累积进程与数量。只有将这两类抑制剂配合使用，协同发挥作用，才能有效调节尿素氮在土壤中转化的整个进程，从而减少尿素氮的多种途径的损失。关于抑制剂组合的研究发现，脲酶抑制剂氢醌与硝化抑制剂双氰胺组合价格低廉、使用方便、效果好，使其成为最常见的组合。

复合抑制剂型利用脲酶抑制剂与硝化抑制剂协同增效作用和增铵营养原理，通过控制进入土壤氮的形态比例，提高氮的同化效率，控制氮损失，延长肥效期，提高氮肥利用率，进而使作物增产。采用磷素活化技术的肥料，可活化释放土壤中的磷，使之保持更长的有效期，满足绝大多数作物生长期的磷素需求。稳定性肥料作用机理主要有控氮长效技术、控氮高效技术、增铵营养技术、磷素活化技术。控氮长效技术是将铵态氮释放高峰期延迟 15d 左右，硝态氮释放高峰期延迟 25d 左右，肥效期延长至 90～120d，满足大田作物一季生长需要，一次施肥免追肥；控氮高效技术是将铵态氮释放高峰值下调，降低铵压，减少铵的挥发损失，使铵态氮向硝态氮转化受到抑制，减少硝态氮的淋溶损失；增铵营养技术是延长土壤中铵态氮释放周期，增加铵态氮在土壤中的比例，进而使氮利用率提高 30%；磷素活化技术是应用磷活化剂提高磷肥利用率 4 个百分点。

三、稳定性肥料国内外发展概况

稳定性肥料自 20 世纪 50 年代开始研发至今，已经在部分国家成为通用型肥料产品，许多国家还相继出台了相关法规措施以强制推行施用。2019 年 6 月 25 日，欧盟肥料新法规发布，将含抑制剂肥料产品单独分为一类，并制定了肥料标准。德国从 2020 年 2 月 1 日开始禁用常规尿素，规定尿素肥料必须添加硝化或脲酶抑制剂或深施施用。英国政府也在考虑禁止使用固体尿素肥料或限制固体尿素肥料的使用来减少氨气的排放。德国的硝化抑制剂产品 3,4-二甲基吡唑磷酸盐、美国的脲酶抑制剂产品 N-丁基硫代磷酰三胺等已在全球农业肥料中广泛应用。我国国家质量监督检验检疫总局于 2013 年 5 月 1 日把稳定性复肥纳入工业生产品生产许可证管理。将稳定性肥料进行了分类，只在肥料中添加脲酶抑制剂的肥料叫作稳定性肥料 1 型；只在肥料中添加硝化抑制剂的肥料叫作稳定性肥料 2 型；同时添加两种抑制剂的肥料叫作稳定性肥料 3 型。国内稳定性肥料的研究和应用主要集中在抑制剂的配比和效果上，抑制剂毫无例外地使用国际上比较成熟的双氰胺、3,4-二甲基吡唑磷酸盐等硝化抑制剂产品，以及 N-丁基硫代磷酰三胺、氢醌等脲酶抑制剂产品。国际肥料工业协会预计 2026 年全球稳定性肥料总量将达到2 700万 t。

▶ （一）稳定性肥料国外发展概况

国际上，生产稳定性肥料的企业以德国康朴和巴斯夫、比利时的索尔维、美国科迪华和 Koch Agronomic Services 为代表，每年欧洲稳定性肥料消费量为 80 万 t，北美洲 12 万 t，中东和非洲约 8 万 t。

1. 脲酶抑制剂

20 世纪 40 年代，Conrad 首次发现某些物质可以抑制土壤脲酶活性并延缓尿素水解。60 年代，学者们对脲酶抑制剂开始进行大量的筛选工作，当时研究发现含硼化合物、原子量大于 50 的重金属、含氟化合物、多元酚、多元醌和抗代谢物等对脲酶活性均有抑制作用。1971 年，Borand 等从130 多种化合物中筛选出效果较好的脲酶抑制剂为苯醌和氢醌类化合物。进入 20 世纪 80 年代，国际上已开发了近 70多种有实用意义的脲酶抑制剂，主要包括醌类、多羟酚类、磷酰胺类、重金属类、五氯硝基苯等。20 世纪 90 年代中后期至今，脲酶抑制剂的研究种类仍多集中于氢醌、N-丁基硫代磷酰三胺和苯基磷酰二胺，但已经开始运用氮标记同位素示踪技术来研究施用脲酶抑制剂后肥料氮的去向及土壤氮的转化，更深入地揭示脲酶抑制剂的抑制效果。

何威明等在发表的文章"氮肥增效剂及其效果评价的研究进展"中提出，从抑制效果看，有机化合物中的二元酚和醌类,如氢醌、邻苯二酚和 P-苯醌的抑制效果最好;无机化合物中,金属抑制剂中的银盐和汞盐抑制效果最好;磷酰胺类化合物,效果最好的是 N-丁基硫代磷酰三胺和苯基磷酰二胺。

脲酶抑制剂代表性的产品主要有美国 Koch Agronomic Services 公司的 AGROTAIN© (N-丁基硫代磷酰三胺)、德国巴斯夫公司的力谋士© Limus© (N-丁基硫代磷酰三胺＋N-丙基磷酰三胺)等。

2. 硝化抑制剂

20 世纪 50 年代中期,美国率先开展了人工合成硝化抑制剂的研究。1962 年,美国学者 Goring 首次报道了氯甲基吡啶具有硝化抑制特性。1973 年,美国陶氏化学公司(DOW)利用氯甲基吡啶开发出一种硝化抑制剂产品——2-氯-6-三氯甲基吡啶(CP),1975 年该产品被美国政府批准在农业上使用,商品名为 N-serve。但 CP 在应用过程中存在毒性较大、水溶性极差等问题,为解决这一问题,该公司研制出了具有硝化抑制特性的双氰胺,其性质相对稳定,在 20 世纪 80 年代被推广应用。此后,日本对硝化抑制剂也进行了深入的研究,发现了硫脲(TU)、2-氨基-4-氯-9-甲基吡啶、2-巯基苯并噻唑、4-氨基-1,2,4-三唑盐酸盐和 2-磺胺噻唑等硝化抑制剂产品。针对双氰胺在使用中存在易淋洗、添加量较大、添加成本较高等问题,德国巴斯夫公司在 20 世纪 90 年代研制出了新的硝化抑制剂产品 3,4-二甲基吡唑磷酸盐,在尿素或铵态氮肥中添加 3,4-二甲基吡唑磷酸盐有较好的硝化抑制效果,被广泛应用于农业生产。

硝化抑制剂代表性的产品主要有德国康朴公司的

Nitrophos（双氰胺）、诺泰克 NovaTec（3,4-甲基吡唑磷酸盐），欧洲化学公司的恩泰克©（3,4-甲基吡唑磷酸盐），美国科迪华公司的伴能© N-Serve（2-氯-6-三氯甲基吡啶），比利时索尔维公司的 AgRho© NH$_4$ Protect 等。

▶ （二）稳定性肥料国内发展概况

我国稳定性肥料的研究与试用始于 20 世纪 60 年代，中国科学院南京土壤研究所李庆逵团队首先开始硝化抑制剂的研究。70 年代，中国科学院沈阳应用生态研究所周礼恺、张志明等开展了氢醌、双氰胺在尿素氮转化中的协同作用、作物产量、环境效益评价等方面的系统研究工作，做了大量的室内试验和田间试验。80 年代开发了长效尿素和长效碳铵产品。90 年代中期以后，开展了硝化抑制剂、脲酶抑制剂与磷素活化剂等复合抑制剂的研究，其中氢醌与双氰胺的组合价格低廉、效果较好，使用较为广泛。

21 世纪初，石元亮、武志杰等开展了复合抑制剂 NAM、增铵系列抑制剂在复合肥料产品上的应用研究，利用脲酶抑制剂与硝化抑制剂协同增效作用和磷素活化技术工艺，开发了长效缓释复合肥料，在施可丰化工股份有限公司建立了百万吨级别的长效缓释肥生产基地。"长效缓释肥研制与应用项目"获得 2008 年度国家科学技术进步奖二等奖。2010 年 11 月 22 日，《稳定性肥料》（HG/T 4135—2010）（现已作废）行业标准正式发布，2011 年 3 月 1 日正式实施。在标准未出台之前，含有脲酶抑制剂或硝化抑制剂的肥料被称为长效肥或长效缓释肥，标准出台之后，这类肥料统一被命名为稳定性肥料。2017 年 12 月 29 日，施可丰化工股份有限公司、中国科学院沈阳应用生态研究所、上海化工研究院主持起草的《稳定性肥料》(GB/T 35113—2017)国家标准正式发布，标志着稳定性肥料产业发展进入了一个新的阶段。截至目前，应用该项技术的化肥企业达到50余家，应用该技术生产的稳定性肥料产品占据了国内稳定性肥料市场份额的80％以上，涌现了施可丰、倍丰、华昌、农家乐、中佳等一大批知名品牌。

施可丰化工股份有限公司近几年开展了稳定性肥料新型抑制剂的筛选及高效利用技术研究，融合植物源生物活性物质高效提取物增效技术、脲醛缓释技术、微量元素螯合技术、矿物源活化技术等，从肥料营养功能、土壤环境功能、根系吸收功能入手，结合地域土壤、作物、栽培方式开展应用研究，聚合异粒变速和缓释促使技术，优化养分形态配伍，拓展肥料功能，促使肥料养分释放与作物吸收同步，满足作物不同生长阶段对养分的不同需求；实现了新型稳定性肥料从仅对氮素增效，到氮、磷、钾和中微量元素的多元增效；从单纯注重减肥增效到提高作物抗性、改善作物营养品质和改良土壤的多维度增效。在综合运用脲酶抑制剂和硝化抑制剂协同效应及磷素活化技术等方面达到国际先进水平。

浙江奥复托化工有限公司与中国农业科学院于2007年开发出硝化抑制剂氯甲基吡啶——碧晶NMAX，并推出了以碧晶NMAX为原料的"土地精"长效氮肥增效剂、"恩久"系列长效肥。

当前，稳定性肥料产业正在不断创新发展，但目前国内外稳定性肥料市场上还存在一些问题，比如抑制剂的作用效果受到土壤类型、有机质含量、温度、水分、土壤生物活性等环境因素影响，持效期不稳定，田间效果差异较大；不同抑制剂协同配伍作用机理与技术还不成熟；某些抑制剂毒性较高，可能对作物与土壤微生物造成伤害，造成生态环境污染；市场上抑制剂种类很多，但能够应用于稳定性肥料生产的较少等。今后，稳定性肥料将向环境友好、低碳环保、稳定高效的方向发展，化学合成抑制剂将朝植物源生物抑制剂方向发展。2006 年，日本国际农林水产业研究中心 Subbarao 高级研究员正式提出了"生物硝化抑制作用"的概念，它是指植物根系产生和分泌能抑制土壤硝化作用物质的能力；植物根系产生和分泌的抑制硝化作用的物质，则称为生物硝化抑制剂。非洲湿生臂形牧草根系分泌物"Brachialactone"能有效抑制铵的氧化，被视为一种高效的硝化抑制剂。高粱根系分泌物也被发现能够抑制硝化作用。2016 年，中国科学院南京土壤研究所施卫明团队发现水稻根系分泌物可以调控氮素转化，并首次鉴定出 1,9-癸二醇这种硝化抑制剂。目前的研究发现，植物来源的楝树提取物能有效抑制尿素水解和减缓硝化作用。木樨科、松科、樟科、桑科、山茶科和胡桃科植物叶片水浸提液，对土壤脲酶活性的抑制率较高。十字花科植物的次生代谢产物葡萄糖异硫氰酸盐的一系列低分子量的含硫降解产物可抑制硝化细菌的生长，进而抑制硝化作用。生物硝化抑制剂是未来稳定性肥料抑制剂的研发方向。

第三章

有机肥料

一、有机肥料的分类

有机肥料俗称农家肥，是指大量生物物质、动植物残体、动物排泄物等物质经发酵腐熟而形成的缓效肥料。我国早期的农业生产 90％的肥料投入为有机肥料。随着我国化学肥料的发展，化学肥料的应用比例在逐年提高，目前占农业肥料投入的 90％以上，有机物肥料的应用比例已经下降至不足 10％，可以说有机肥料提供养分的地位基本被化学肥料所替代。施用有机肥料的主要目的是改良土壤或者实现有机农业。根据有机肥料的来源，可以把有机肥料分为以下几种类型。

▶ （一）第一性有机肥料

包括以作物秸秆（如小麦秸秆、玉米秸秆和水稻秸秆等），纯天然矿物质（如钾矿粉、磷矿粉、氯化钙、天然硫酸钾镁肥等没有经过化学加工的天然物质），绿肥植物如豆科的绿豆、蚕豆、草木樨、田菁、苜蓿、苕子，非豆科的黑麦草、肥田萝卜、小葵子、满江红、水葫芦和水花生等为原料生产的有机肥料。

▶ （二） 第二性有机肥料

主要包括以粪便（人畜粪便、家禽粪便）、动物残体和屠宰场废弃物等为原料生产的有机肥料。

▶ （三） 第三性有机肥料

主要包括以菜籽饼、棉籽饼、豆饼、芝麻饼、蓖麻饼和茶籽饼等农产品加工副产品为原料生产的有机肥料。

▶ （四） 第四性有机肥料

1. 堆肥

以各类秸秆、落叶、青草、动植物残体、人畜及家禽粪便为原料，按比例混合或与少量泥土混合进行好氧发酵腐熟而制成的一种肥料。

2. 沤肥

所用原料与堆肥基本相同，只是在淹水条件下进行发酵而成。

3. 厩肥

指由猪、牛、马、羊、鸡、鸭等畜禽的粪尿与秸秆垫料堆沤制成的肥料。

4. 沼肥

在密封的沼气池中，有机物腐解产生沼气后的副产物，包括沼液和残渣。

5. 泥肥

包括未经污染的河泥、塘泥、沟泥、港泥、湖泥等。

6. 利用垃圾生产的肥料

包括城市垃圾、生活垃圾和工业"三废",采用物理、化学、生物或三者兼有的处理技术,经过一定的加工工艺,消除其中的有害物质(病原菌、虫卵、重金属、杂草种子等),达到无害化标准而形成符合国家相关标准［《有机肥料》(NY 525—2021)］及法规的一类肥料。

二、商品有机肥料

商品有机肥料是以大量动植物的残体、排泄物及其他生物废物为原料,通过发酵腐熟的过程制作而成的肥料。与农家肥和自制有机肥不同,商品有机肥是以工业方式生产,确保了产品的稳定性和均匀性,更适合现代农业的生产需要。

▶ (一) 加工工艺

无害化处理是生产商品有机肥料的关键工艺。常见的无害化处理方法有 EM 堆腐法、发酵催熟堆腐法和工厂化无害化处理等。

1. EM 堆腐法

EM 是一种好氧和厌氧有效微生物群,主要由光合细菌、放线菌、酵母菌和乳酸菌等组成,具有除臭、杀虫、杀菌、净化环境和促进植物生长等多种功能,在农业和环保上有广泛的用途,用该方法处理人畜粪便制作堆肥,可以起到将粪便无害化的作用。具体方法如下:

(1) EM 备用液。按清水 100mL 和蜜糖或红糖 20～40g、M 酪 100mL、烧酒(含酒精 30%～35%)100mL 和

EM 原液 50mL 的配方，配制备用液。

（2）将人畜粪便风干至含水量为 30％～40％。

（3）取稻草、玉米秆和青草等，切成长 1～5cm 的碎料，加少量米糠拌匀，作为堆肥的膨松物。

（4）将稻草等膨松物与粪便按重量比 1∶10 的比例混合搅拌均匀，并在水泥地上铺成长约 6m、宽 1～5m、厚 20～30cm 的肥堆。

（5）在肥堆上薄薄地撒上一层米糠或麦麸等物质，然后再洒上 EM 备用液，每 1 000kg 肥料洒 1 000～1 500mL。

（6）按同样的方法，在上面再铺第二层。每一堆肥料铺 3～5 层后，上面盖好塑料薄膜进行发酵。当肥料堆内温度升到 45～50℃时翻动一次。一般要翻动 3～4 次才能完成。完成后，一般肥料中长有许多白色的霉毛，并有一种特别的香味，这时就可以施用了。一般夏天要 7～15d 才能处理好，春天要 15～25d，冬天则更长。

2. 发酵催熟堆腐法

除了用商品 EM 原液外，也可以自制发酵催熟粉来代替。方法如下：

（1）发酵催熟粉的制备。准备好所需原料：米糠（稻米糠、小米糠等各种米糠）、油饼（菜籽饼、花生饼、蓖麻饼等）、豆粕（加工豆腐等豆制品后的残渣，无论何种豆类均可）、糖类（各种糖类和含糖物质均可）、泥类或黑炭粉或沸石粉和酵母粉。按米糠 14.5％、油饼 14.0％、豆粕 13.0％、糖类 8.0％、水 50.0％和酵母粉 0.5％的比例，先将糖类加于适量水中，搅拌溶解后，加入米糠、油饼和豆粕，经充分搅拌混合后堆放，在 60℃以上的温度下发酵 30～50d。然后将黑炭粉或沸石粉按与上述物质 1∶1 的重量比加入，仔细搅拌均匀即成。

（2）堆肥制作。先将粪便风干至含水分 30%～40%。将粪便与切碎稻草等膨松物按 1∶10 的重量比混合，每 100kg 混合肥中加入 1kg 催熟粉，充分搅拌均匀，然后在堆肥舍中堆积成高 1.5～2.0m 的肥堆，进行发酵腐熟。在发酵期间，根据堆肥的温度变化，可以判定堆肥的发酵腐熟程度。15℃ 气温条件下，堆积后第三天，堆肥表面以下 30cm 处的温度可达 70℃，堆积 10d 后可进行第一次翻混。翻混时，堆肥表面以下 30cm 处的温度可达 80℃，几乎无臭。第一次翻混后 10d，进行第二次翻混。翻混时，堆肥表面以下 30cm 处的温度为 60℃。再过 10d，进行第三次翻混。翻混时，堆肥表面以下 30cm 处的温度为 40℃，翻混后的温度为 30℃，水分含量达 30%左右。之后不再翻混，等待后熟。后熟一般需 3～5d，最多 10d 即可。后熟完成，堆肥即制成。这种高温堆腐，可以把粪便中的虫卵和杂草种子等杀死，大肠杆菌也可大为减少，达到生物废弃物无害化处理的目的。

3. 工厂化无害化处理

大型畜牧场和家禽场的粪便较多，可采用工厂化无害化处理。主要是先集中收集粪便，然后进行脱水，使水分含量达到 20%～30%。然后把脱过水的粪便输送到蒸汽消毒房内消毒或进行臭氧消毒。蒸汽消毒房的温度不能太高，一般为 80～100℃，温度太高易使养分分解损失。肥料在消毒房内不断运转，经消毒 20～30min，可杀死全部的虫卵、杂草种子及有害的病原菌等。消毒房内装有脱臭塔可用于除臭，臭气从塔内排出。然后将脱臭和消毒的肥料配上必要的天然矿物如磷矿粉、白云石和云母粉等，进行造粒，再烘干，即成有机肥料。工艺流程如下：粪便集中—脱水—消毒—除臭—配方搅拌—造粒—烘干—过筛—包装—入库。臭氧消毒一般常温条件下即可进行。总之，通过生物废弃物的无害化处理，可以减少有机物污染。

▶ （二）商品有机肥料新行业标准

商品有机肥料执行行业标准《有机肥料》（NY 525—2021），该标准于 2021 年 5 月 7 日由农业农村部发布，2021年 6 月 1 日正式实施。

1. 技术指标

有机质质量分数（以烘干基计）≥30%；总养分（$N+P_2O_5+K_2O$）的质量分数（以烘干基计）≥4.0%；水分（鲜样）的质量分数≤30%；酸碱度（pH）5.5～8.5；种子发芽指数（GI）≥70%；机械杂质的质量分数≤0.5%。

2. 限量指标（金属指标）

总砷（As）（以烘干基计）≤15mg/kg；总汞（Hg）（以烘干基计）≤2mg/kg；总铅（Pb）（以烘干基计）≤50mg/kg；总铬（Cr）（以烘干基计）≤150mg/kg；总镉（Cd）（以烘干基计）≤3mg/kg。

3. 细菌指标

粪大肠菌群数≤100 个/g；蛔虫卵死亡率≥95%。

▶ （三）商品有机肥料的作用

1. 改良土壤、培肥地力

商品有机肥料施入土壤后，有机物能有效地改善土壤理化状况，包括土壤的水溶性团粒结构、土壤的容重、土壤的孔隙度和生物特性；熟化土壤，增强土壤的保肥供肥能力和缓冲能力；明显提高土壤的有机质和矿物营养元素含量，为作物的生长创造良好的土壤条件。

2. 提高肥料的利用率

商品有机肥含有的养分种类多，但相对含量低，释放缓慢；化肥单位养分含量高，种类少，释放快。两者合理配合施用，相互补充。有机物分解产生的有机酸能促进土壤和化肥中矿质养分的溶解，化肥也能促进有机肥养分的释放，有利于作物吸收养分，提高肥料的利用率。

3. 增加产量和提高品质

商品有机肥料含有丰富的有机物和各种营养元素，能为农作物提供营养。商品有机肥料腐解后，为土壤微生物活动提供能量和养料，促进微生物活动，加速有机质分解，产生的活性物质等能促进作物的生长和提高农产品的品质。

三、沼渣与沼液

畜禽粪污和农作物秸秆等农牧业废弃物经厌氧发酵产生甲烷气体的同时，也会产生发酵剩余物。发酵剩余物经过固液分离后，产生的固体物质为沼渣，液体物质为原沼液，沼渣经过腐熟发酵，除去部分水分后用于生产有机肥、营养土等；原沼液经曝气处理后可直接还田，原沼液经浓缩后可形成精滤沼液，精滤沼液可直接用于滴灌或浓缩制肥。沼渣与沼液清洁化高效利用如图 3-1 所示。

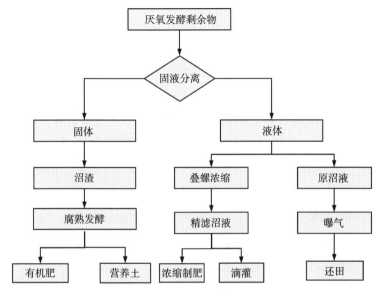

图 3-1 沼渣和沼液清洁化综合利用工艺流程示意

（一）沼渣主要特性和高效综合利用技术

1. 沼渣主要特性

（1）物理性状。沼渣作为厌氧发酵的固体产物，其颜色多为黑褐色，带有臭味。

（2）有机质含量。沼渣是有机物质发酵后剩余的固形物质，富含有机质，含量在 $45\% \sim 70\%$。有机质的含量高低的差异主要由固液分离设备和发酵原料决定。

（3）矿物养分含量。在沼气发酵过程中，氮素损失最多，其他的矿物养分损失很少，沼渣中氮、磷、钾总养分含量显著高于沼液，总氮含量在 $0.8\% \sim 4.0\%$，总磷含量在 $0.3\% \sim 2.8\%$，总钾含量在 $0.8\% \sim 2.0\%$。同时，沼渣还含有硼、铜、铁、锰、锌等微量元素。

（4）其他养分。沼渣除了富含有机质和氮、磷、钾等大量元素外，还富含腐殖质、多种氨基酸、酶和有益微生物等。

2. 沼渣高效综合利用技术

（1）配制营养土和制作营养钵。用沼渣配制营养土应采用腐熟度好，质地细腻的沼渣，其用量占混合物总量的20％～30％，再掺入50％～60％的泥土，5％～10％的锯末，0.1％～0.2％的氮、磷、钾化肥及微量元素、农药等，拌匀即可。如果要压制成营养钵等，则配料时要调节黏土、沙土、锯木的比例，使其具有适当的黏结性，以便压制成形。

（2）生产商品有机肥料。

（3）生产微生物肥料。

（二）沼液的主要特性

1. 物理性状

沼液作为畜禽粪污、农作物秸秆等废弃物厌氧发酵后的产物，其颜色多为灰黑色。有臭味，静置后略有沉淀，水不溶物含量小于50g/L。

2. pH

产甲烷菌主要利用乙酸、甲酸、甲醇等物质生成甲烷，而形成沼液前的水解发酵阶段产生氨气，因此沼液 pH 呈弱碱性，基本在 7.5～9.0。沼液 pH 受发酵原料、发酵程度、发酵温度等诸多因素影响。

3. 矿物养分含量

通常沼液中总氮含量在 0.1％～1.61％，其中氨态氮含

量在 80% 以上，总磷含量在 0.01%～0.6%，总钾含量在
0.2%～1.3%。另外还含有钙、镁、铁、锰、铜、锌、
硼、钼等中微量元素，中量元素钙和镁的含量保持在 0.5～
40g/L。相同发酵条件下，钙和镁的含量在以粪便为发酵原
料的沼液中要高于以秸秆为发酵原料的沼液中。微量元素含
量 20～1 500mg/L，根据原料中粪污的种类不同及粪污占比
不同，微量元素含量出现明显差别。

4. 活性物质

沼液作为微生物发酵产物，其富含微生物代谢产物，主
要包括氨基酸、腐植酸、核酸、吲哚乙酸、赤霉素及萜类化
合物等。沼液富含 18 种氨基酸，不同氨基酸之间含量差别
不大，氨基酸总含量 0.5～15.0g/L，腐植酸含量 1.0%～
4.0%，核酸含量 0.2～1.0mg/L，赤霉素、吲哚乙酸含量
1.0～10.0mg/L。沼液富含多种生物活性物质，使得沼液在
促进作物生长的同时，还具有促进小麦分蘖，抑制甘薯软腐
病、玉米大斑病、玉米小斑病、小麦根腐病、西瓜枯萎病、
烟草赤星病菌、辣椒疫霉等病害，促进植株叶片肥厚，叶色
浓绿，茎秆粗壮，增强作物的抗旱、抗病、抗倒伏能力，打
破休眠，延缓衰老，养根壮根等多种功效，同时沼液也具备
良好的熟化土壤和改良土壤作用。

5. COD

COD 作为废水处理领域的重要指标，近几年在沼液研
究领域也备受关注，沼液中 COD 主要受温度、溶解氧含量
及沼液其他指标的影响，一般沼液 COD 为 1 000～
30 000mg/L。COD 可作为沼液中有机物含量的代表，其数
值越高，表明液体中有机物含量越高，在沼液还田利用过程

中要密切关注 COD 数据。

1. 沼渣在农业生产中的应用技术

沼渣的产量相比沼液要少很多，经短时发酵便可完全腐熟，同时富含有机质和氮、磷、钾等植物营养，是良好的生产有机肥及营养土的原料，目前主要用于生产有机肥、育苗基质和营养土等。

2. 沼液清洁化高效综合利用技术

沼液具备产量大的特点，目前全国每年约有 4 亿吨沼液未被合理利用，已严重制约沼气工程的健康发展，因此沼液合理利用是农牧废弃物资源化利用的关键。沼液利用首要考虑的是利用最简单、成本最低的方式进行固液分离。固液分离目前行之有效的分离方式是生物絮凝与高可靠性的分离设备搭配，最大程度提取固形物，滤后液再进行减量化和肥料化应用。无论是减量化还是肥料化都是把沼液中的能量输回到土壤中，这符合取之自然、用之自然的能量流规律，同时也是人类文明进步的体现。不顾一切地向自然索取的时代已经过去，人们开始考虑向自然索取的同时如何回报自然、保护自然，这反映了人们在利用自然资源时的一种崭新观念。

目前沼液浓缩技术主要是生物絮凝、叠螺及膜浓缩工艺的结合，实现减量化的同时，进行肥料化。而肥料化技术其实质是沼液还田。

沼液生态种植技术主要是采用沼液替代化肥，根据作物营养需求、生长需求、目标产量、土壤条件，定向、定量施肥，减少化肥施用，提高产量，解决化肥过量施用带来的土壤退化问题。

沼液生态种植技术目前研究较多。在粮食作物（小麦、玉米）、蔬菜作物（大葱、姜、韭菜、大棚黄瓜、大棚番茄、西瓜等）、果树作物（大棚桃）等方面均有相关应用。

①沼液替代化肥在玉米生产中的应用技术。沼液（主要成分见表3-1）替代化肥种植玉米技术设定目标产量为600kg/亩，根据土壤情况精准计算玉米所需营养情况，根据计算结果施用底肥追肥。采用基肥替代50%，即至少在种植前3d（6月初）施入沼液肥2m³/亩，替代高氮复合肥50%；追肥全替代的施用模式，既大喇叭口时期（10～12叶，7月中旬）施入沼液2.5m³/亩，100%替代追肥。通过该技术，可实现玉米种植季沼肥替代65%以上化肥，实现产量550～650kg/亩，减投增收174元/亩。

表3-1　沼液理化性质

指标	pH	总氮含量(g/L)	磷(P$_2$O$_5$)含量(g/L)	钾(K$_2$O)含量(g/L)	有机质含量(g/L)	电导率(S/m)
沼液	8.8	4.8	4.0	2.3	60	11 000

②沼液替代化肥在小麦生产中的应用技术。沼液（主要成分见表3-2）替代化肥种植小麦技术设定小麦目标产量为500～600kg/亩，需施纯氮16～18kg，施入氮：磷：钾＝1：0.5：0.5的肥料，沼液替代化肥70%以上，定时、定向施肥。具体施用方法：即基肥至少在种植前3d（10月初）施入沼液肥2.5m³/亩，替代平衡复合肥50%；第一次追肥期即冬灌水时期（11月至次年1月均可），施入精滤沼液1.5m³/亩；第二次追肥期即返青期（3月中旬前），施

入精滤沼液 1.5m³/亩。通过该模式可实现小麦种植季沼肥替代 70% 以上化肥，实现产量 500~600kg/亩，减投增收 206 元/亩，同时实现化肥减量和地力提升。

表 3-2 沼液理化性质

指标	pH	EC (mS/cm)	总氮含量 (%)	有效钾含量 (%)	有机质含量 (g/kg)	COD (mg/L)
沼液	8.10	27.2	0.376	0.277	15.08	19 455
精滤沼液	8.48	19.8	0.251	0.306	5.13	13 886

③沼液替代化肥在大葱生产中的应用技术。沼液（主要成分见表 3-3）替代化肥种植大葱技术先要提前设定大葱目标产量，大力推广有机肥和生物菌肥，结合精准施肥，实现肥药双减，降本增效和提升地力。设定大葱产量 5 000kg/亩，每生产 1 000kg 大葱需氮 2.7kg、磷 0.5kg、钾 3.3kg。具体施肥方案：基肥用沼渣 2t/亩，追肥 3 次共冲施沼液 1t/亩；叶片旺盛生长期，10d 冲施一次沼液，每次 1t/亩；葱白旺盛生长期，15d 冲施一次沼液，每次 1.5t/亩，精准施肥。大葱产量达 5 000kg/亩以上，节约肥料投入 500 元/亩。

表 3-3 沼液理化性质

pH	总氮含量 (g/L)	磷（P_2O_5）含量 (g/L)	钾（K_2O）含量 (g/L)	有机质含量 (g/L)	EC ($\mu S/cm$)
8.8	4.8	4.0	2.3	60	11 000

④沼渣和沼液替代化肥在生姜生产中的应用技术。据测算，每生产 1 000kg 生姜需要从土壤中吸收氮（N）6kg、

磷（P_2O_5）1.6kg、钾（K_2O）10kg。按照目标产量6 000kg/亩施肥，生姜种植基肥需施用沼渣 2.5t/亩。追肥按照表 3-4 中的精滤沼液指标使用，整个生长周期，沼液替代化肥 40%。生姜苗期追施 0.5m³/亩精滤沼液；三股叉期追施 1m³/亩精滤沼液；小培土期追施 1m³/亩精滤沼液；大培土期追施 2 次精滤沼液，每次 1m³/亩；秋后每半月追施一次精滤沼液，每次 1m³/亩。应用结果表明：应用该方法施肥较常规施肥土壤有机质含量提高 0.5%，茎粗和单株重量明显提升，可实现产量 6 600～7 000kg/亩，生姜增产10% 以上，同时实现化肥减量和地力提升。

表 3-4　精滤沼液理化性质

有机质含量（g/L）	总氮（N）含量（%）	钾（K_2O）含量（%）	磷（P_2O_5）含量（%）	EC（mS/cm）
21.70	0.42	0.31	0.003 7	17.04

⑤沼渣和沼液替代化肥在韭菜生产中的应用技术。沼渣和沼液全替代化肥种植韭菜技术是采用沼渣做底肥，用量 2m³/亩，开沟施用；沼液做追肥，每年 5 月上旬和 6 月中旬用沼液原液 2t/亩灌根；韭菜收割后新叶长出 3～5cm后，用沼液原液 1t/亩，稀释 5 倍后冲施。通过该技术可实现韭菜种植过程中沼渣和沼液全部替代化肥，韭菜亩产提高 10.25%，韭蛆抑制率达 60% 以上，可完全替代农药噻虫胺悬浮剂。

⑥沼渣和沼液肥替代化肥在西瓜生产中的应用技术。目前西瓜种植多采用南瓜砧木上嫁接西瓜接穗的嫁接苗，利用南瓜苗强大的根系，增强植株的抗病性，减少病害发生。该

技术放弃种植嫁接苗，直接采用西瓜苗移栽，配合各时期沼渣、沼肥的不同形式施用，实现甜王等大中型西瓜自根种植。具体技术模式如下：结合整地施用沼渣 4t/亩做底肥，替代有机肥，然后用地菌清 1kg/亩喷施地面，一周后直接定植西瓜苗，定植时采用地菌清蘸根，定植后用 5kg/亩复合沼液微生物肥料浇定植水；伸蔓期冲施 10kg/亩复合沼液微生物肥料；坐果期冲施高钾肥 10kg/亩，复合沼液微生物肥料 20kg/亩，喷施叶面肥 0.5kg/亩。

通过上述沼渣和沼液替代化学肥料，西瓜未出现常见的枯萎病、炭疽病等病害，产量达到 5 000kg/亩，单果重量均在 6.5kg 以上，西瓜口感明显改善。

⑦沼液替代化肥在大棚桃生产中的应用技术。据马洪杰等试验研究，在大棚桃的开花至收获前，用以牛粪为原料发酵的沼液代替化学肥料，不仅能满足大棚桃对矿物养分的需要，还能提高大棚桃的质量。每棵桃树施用 7.5kg 沼液能够提高桃的产量，但与对照差异不明显。结果期施用沼液代替化学肥料，能显著提高果实品质（表 3-5），可溶性固形物含量较施用化学肥料提高 19.3%，维生素 C 含量提高 122.9%。

表 3-5　黄金蟠桃营养成分

序号	类型	可溶性固形物含量（%）	每 100g 维生素 C 含量（mg）
1	化肥组	8.3	1.83
2	沼液组	9.9	4.08
增减		+19.3%	+123.0%

用沼液代替化学肥料不仅能提高桃的品质，还能改良土

壤（表 3-6）。主要表现在显著降低土壤的 pH，明显提高土壤有机质含量，明显提高土壤速效氮、磷、钾的含量。

表 3-6　施用沼液前后的土壤理化性质测定

测定指标	施用前	施用后
pH（无量纲）	7.47	6.13
有机质含量（g/kg）	25.0	29.5
总磷含量（mg/kg）	733	1 360
有效磷含量（mg/kg）	55.2	240.0
钾含量（％）	5.44	2.00
速效钾含量（mg/kg）	360	428
全氮含量（mg/kg）	1 470	1 870
水解性氮含量（mg/kg）	318	198

第四章

微生物肥料与生物有机肥料

一、土壤微生物及其功能

土壤微生物是土壤生物的组成部分，是指土壤中肉眼无法分辨的活有机体，只能在实验室中借助显微镜或电子显微镜才能观察到，一般以微米（μm）或纳米（nm）作为测量单位。土壤微生物对土壤的形成、发育、物质循环和肥力演变等均有重大影响。

▶ （一）土壤微生物的类群

土壤微生物包括细菌、放线菌、真菌、藻类和原生动物五大类群。

1. 细菌

单细胞生物，个体直径 $0.5\sim2.0\mu m$，长度 $1\sim8\mu m$。按体形分球菌、杆菌和螺旋菌；按营养类型分自养细菌和异养细菌；按呼吸类型分好气性细菌、嫌气性细菌和兼性细菌。

细菌参与新鲜有机质的分解，对蛋白质的分解能力尤其强（氨化细菌），并参与硫、铁、锰的转化和固氮过程。每克表层土壤中含细菌几百万至几千万个，是土壤菌类中数量最多的一个类群。

2. 放线菌

单细胞生物，呈纤细的菌丝状。菌丝直径 $0.5 \sim 2.0 \mu m$。土壤中常见的有链霉菌属（*Streptomyces*）、放线菌属（*Thermoactinomyces*）、诺卡氏菌属（*Nocardia*）和小单孢菌属（*Micromonospora*）。

放线菌具有分解植物残体和转化碳、氮、磷化合物的能力。某些放线菌还能产生抗生素，是许多医用和农用抗生素的产生菌。每克表层土壤含放线菌几十万至几千万个，是数量上仅次于细菌的一个类群。

3. 真菌

大多为多细胞生物，部分为单细胞生物。个体较大，菌丝体呈分枝状，细胞直径 $3 \sim 50 \mu m$。土壤中常见的真菌有青霉属（*Penicillium*）、曲霉属（*Aspergillus*）、镰刀菌属（*Fusarium*）、毛霉属（*Mucor*）。

真菌参与土壤中淀粉、纤维素、单宁的分解以及腐殖质的形成和分解。每克表层土壤只含真菌几千至几十万个，是土壤菌类中数量最少的一个类群，但其生物量〔在一定时间内生态系统中某些特定组分在单位面积上所产生物质的总量〕高于细菌和放线菌。

4. 藻类

土壤中的藻类大都是单细胞生物，也有多细胞丝状体，直径 $3 \sim 50 \mu m$，喜湿，多栖居于土壤表面或表土层中，数量较菌类少。

土壤中常见的藻类有绿藻、蓝藻和硅藻。蓝藻中有的种类能固定空气中的氮素。

5. 原生动物

单细胞生物，以植物残体、菌类为食物。土壤中常见的原生动物有根足虫、纤毛虫和鞭毛虫等。

▶ **（二）微生物的功能**

1. 改良土壤

有益微生物产生的糖类物质占土壤有机质的 0.1%，与植物黏液、矿物胚体和有机胶体结合在一起，可以改善土壤团粒结构，增强土壤的物理性能和减少土壤颗粒的损失，在一定的条件下，还能参与腐殖质的形成。施用微生物肥料后微生物能促进土壤有机物质转化，提高土壤有机质的含量，改善土壤结构，明显降低土壤容重，提高土壤总孔隙度，改善土壤的水热状况。

2. 提高土壤肥力

微生物通过自身代谢产生无机酸和有机酸，溶解无机磷化物和含钾的矿物质等，促进土壤中难溶性养分的溶解、转化和释放，可以增加土壤中的氮素来源，提高土壤生物碳量（SMBC）、土壤生物氮量（SMBN）、土壤微生物商（qMB，SMBC/SOC）和土壤的全磷量，有利于提高土壤肥力（表 4-1、表 4-2）。

表 4-1　微生物对土壤的改良作用

处理	土壤生物碳量 （mg/kg）	土壤生物氮量 （mg/kg）	土壤微生物商 （%）
对照	235.35±21.55	48.65±4.67	1.69±0.46
微生物制剂	425.52±32.50*	82.58±6.65*	2.75±0.12*

注：＊表示 5%差异显著。余同。

表 4-2　微生物制剂对土壤肥力的影响

处理	有机质含量 （g/kg）	全氮含量 （g/kg）	全磷含量 （g/kg）
对照	16.93±1.25	0.82±0.07	0.69±0.06
微生物制剂 1	20.26±1.89*	1.39±0.12*	1.22±0.09*
微生物制剂 2	425.52±32.50*	82.58±6.65*	2.75±0.12*

3. 为植物提供营养

（1）微生物对小麦叶绿素的影响。根据不同浓度微生物稀释液对小麦种子萌发期间淀粉酶活性的影响结果，选择 500 倍微生物稀释液浸种处理进行盆栽试验。微生物稀释液浸种提高了小麦旗叶叶绿素含量，开花期和灌浆期处理间小麦旗叶叶绿素 a 和叶绿素 b 含量差异均达显著水平（表 4-3）。

表 4-3　微生物浸种对小麦旗叶叶绿素含量的影响

处理	开花期（6 月 5 日）		灌浆期（6 月 18 日）	
	叶绿素 a	叶绿素 b	叶绿素 a	叶绿素 b
清水浸种	4.47	1.15	2.01	0.58
1/500 微生物浸种	5.15*	1.38*	2.52*	0.65*

（2）对棉花叶绿素含量的影响。据山东省临沂市农业科学院范永强研究，在重度盐碱地上每亩施用农用微生物菌剂（有机质含量＞45%，芽孢杆菌微生物＞5 亿个/g）80kg，棉花花蕾期测定叶绿素 SPAD 为 41.3，较对照 SPAD 36.9 增加 4.4，提高了 11.9%。

4. 刺激作用

（1）微生物对作物体内植物生长调节剂的影响。

①微生物对小麦胚芽鞘萘乙酸含量的影响。据山东省农业科学院岳寿松研究，用萘乙酸和微生物菌剂液处理小麦种子，结果表明微生物菌液在小麦胚芽鞘伸长长度方面与萘乙

酸具有相同的作用（图 4-1）。通过标准曲线计算，10 倍、
100 倍和 500 倍微生物菌液稀释液对小麦胚芽鞘促伸长的效
果分别相当于施用 2.5mg/L、6.7mg/L 和 8.4mg/L 萘乙酸
的效果。微生物稀释倍数较低时（10 倍、100 倍）的促生长
效应反而不及稀释倍数较高（500 倍）时的促生长效应，可
能与活菌作用有关。

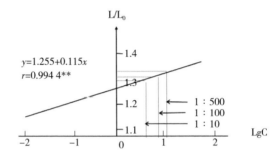

图 4-1　萘乙酸和微生物菌液稀释液对小麦胚芽鞘伸长的影响
　　注：**表示 1%差异显著，余同；L_0 表示清水处理的胚芽鞘长度，
L 表示萘乙酸和微生物菌液处理的胚芽鞘长度，C 表示处理液浓度
（ppm）。

②微生物对小麦种子-淀粉酶活性的影响。据山东省农
业科学院岳寿松研究，微生物菌液浸种能显著影响小麦种子
萌发期间的淀粉酶活性。小麦种子中的淀粉酶为淀粉水解的
起始酶，其活性高低对种子萌发期间胚乳物质转化起十分重
要的作用。用不同稀释倍数的微生物菌液浸种，小麦萌发期
间淀粉酶活性差异较大。与清水浸种相比，微生物菌液原液
和 100 倍稀释液极显著地降低了淀粉酶活性，500 倍稀释液
浸种处理淀粉酶活性提高达极显著水平，1 000 倍稀释液浸
种与对照相比能显著提高淀粉酶活性，2 000 倍稀释液浸种
亦能提高淀粉酶活性（图 4-2）。

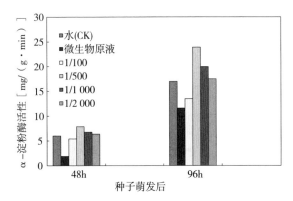

图 4-2　微生物菌剂浸种对小麦种子 α-淀粉酶活性的影响

（2）对棉花根活性的影响。据临沂市农业科学院范永强研究，在重度盐碱地上施用芽孢杆菌微生物菌剂（有机质含量＞45％，微生物含量＞10 亿个/g）80kg，较单施氮磷钾元素肥料的棉花根系活力指数由 4 553µg/g 增加到 6 230µg/g，提高 36.8％（图 4-3）。

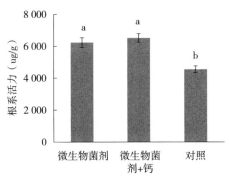

图 4-3　微生物菌剂对棉花根系活力的影响

5. 抗衰老作用

（1）对小麦叶片丙二醛（MDA）含量的影响。据山东省农业科学院岳寿松研究，小麦抽穗后喷洒微生物菌剂能显著降低衰老期间旗叶丙二醛（MDA）含量（花后 10d 和 20d

测定值与对照比差异均达显著水平），说明微生物菌剂在一定程度上抑制了细胞膜脂过氧化，从而对提高叶片衰老期间的旗叶细胞代谢能力起重要作用（图4-4）。

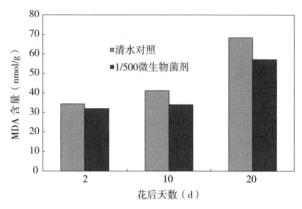

图4-4　不同处理小麦旗叶衰老期间MDA含量差异

（2）对大豆叶片丙二醛（MDA）含量的影响。据山东省农业科学院岳寿松研究，用微生物菌剂拌大豆种子，大豆开花结荚期（7月15日）和鼓粒期（8月16日）叶片MDA含量显著降低（表4-4），即明显抑制了细胞膜脂过氧化，说明微生物菌剂对提高叶片代谢能力起重要作用。

表4-4　微生物菌剂拌种对大豆叶片MDA含量的影响

处理	开花结荚期			鼓粒期	
	6叶	7叶	8叶	7叶	8叶
根瘤菌拌种	54.5	55.1	56.1	62.5	88.9
微生物菌剂拌种	42.6**	53.4	52.1*	58.4*	59.7**

注：**表示1%差异显著；*表示5%差异显著，余同。

6. 降污与降解农残作用

（1）微生物对水稻铬的影响。据临沂市农业科学院范永强研究（表 4-5），在湖南省益阳市赫山区进行土壤处理试验，即在基肥正常施用氮、磷、钾的基础上增加施用微生物菌剂（有机质含量＞45％、芽孢杆菌含量＞2 亿个/g）100kg。采收期取 15 个采样点的水稻混合后测定稻谷内的镉含量。稻谷中的镉含量由对照的 0.048mg/kg 降低至 0.016mg/kg，降幅达到 66.7％。

表 4-5　微生物菌剂对湖南大米中的镉含量的影响

处理	单位面积穗数（穗/m²）	每穗粒数（粒/穗）	千粒重（g）	结实率（％）	产量（kg/亩）	镉含量（mg/kg）
对照	495.9	58.9	24.3	76.3	361.4	0.048
微生物菌剂	545.7	69.2	23.5	77.4	458.1	0.016

（2）微生物对土壤除草剂残留的影响。据山东省农业科学院岳寿松研究，在正常施用氮、磷、钾的基础上增加施用微生物菌剂（有机质含量＞45％、芽孢杆菌含量＞2 亿个/g）20kg 或在水稻孕穗期喷施微生物菌剂（活菌含量10 亿个/mL）120mL，能明显减轻除草剂的药害（表 4-6）。

表 4-6　微生物菌剂对土壤除草剂残留的影响

处理	株高（cm）	每穴穗数（个）	穗长（cm）	每穴实粒数（粒）	千粒重（g）	产量（kg/亩）	产量降低（％）
1	73.0	25.0	14.2	1 242.2	26.3	588.1	0
2	63.5	15.0	12.1	517.0	23.2	167.9	71.4
3	60.6	19.0	8.2	751.0	24.8	273.2	53.5
4	63.8	18.5	12.0	845.0	25.0	295.8	49.7
5	58.0	20.0	11.8	851.0	25.6	305.0	48.1

处理：1 为正常大田；2 为水稻秧苗返青后，拌土撒施除草剂 20％氯嘧磺隆 2.5g/亩；3 为底施微生物菌剂；4 为孕穗期喷微生物菌液（液体，活菌含量 10 亿个/mL），每亩用量 120mL；5 为菌剂底施＋叶面喷洒（处理 3 和处理 4 组合）。

7. 微生物菌剂的增产作用

（1）对光合速率的影响。

①对小麦光合速率的影响。据山东省农业科学院岳寿松研究，微生物浸种显著提高了小麦旗叶光合速率（表4-7），从而为籽粒产量增加奠定了基础。

表4-7　微生物浸种对小麦旗叶光合速率的影响

处理	旗叶展开后天数（d）		
	6	14	24
清水浸种	17.3	14.8	8.46
1/500 微生物浸种	20.0*	16.1*	9.28*

②对小麦籽粒生长进程的影响。据山东省农业科学院岳寿松研究，微生物浸种和清水浸种处理间小麦籽粒生长进程存在差异（图4-5），微生物浸种处理籽粒干重一直高于清水浸种。籽粒生长进程用 Logistic 曲线拟合，根据曲线方程求籽粒最大生长速率。由表4-8可以看出，微生物浸种后提高了籽粒生长速率，为增加粒重奠定了基础。

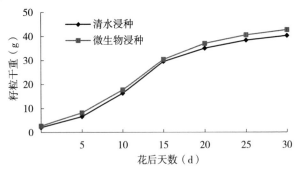

图4-5　不同处理小麦籽粒干重变化

表4-8　微生物浸种对小麦籽粒生长进程及生长速率的影响

处理	籽粒最大生长曲线	P（t）	速率［mg/（粒·d）］
清水浸种	$y=41.4/(1+19.75e^{-0.2437x})$	$2.44\times10^{-5**}$	2.52
微生物浸种	$y=42.9/(1+16.47e^{-0.2416x})$	$9.86\times10^{-9**}$	2.59

③对小麦产量及构成因素的影响。据山东省农业科学院岳寿松研究，微生物菌剂浸种对小麦产量结构的影响主要是提高了小麦的穗粒数和千粒重，用微生物菌剂浸种，较对照每穗小穗数仅增加0.1穗，穗粒数增加1.2粒，千粒重增加1.4g，从而提高了小麦产量（表4-9）。

表4-9　微生物浸种对小麦产量及构成因素的影响

处理	每穗小穗数	穗粒数（粒）	千粒重（g）	产量（g/盆）
清水浸种	13.0	30.3	41.2	28.6
微生物菌剂浸种	13.1	31.5	42.6*	32.4

（2）对气孔导度的影响。

①对大豆气孔导度的影响。气孔导度［mol/（m²·s）］为影响叶片光合作用速率的重要影响因子。据山东省农业科学院岳寿松研究，大豆植株喷洒微生物菌剂后叶片气孔导度显著增加（表4-10），表明叶片光合能力的气孔限制因素相对减弱，从而有利于光合速率的提高。

表4-10　喷洒微生物菌剂对大豆叶片气孔导度的影响

处理	8月8日	8月19日	8月29日	9月10日
喷洒清水	0.955	0.635	0.665	0.291
喷洒1/500微生物菌剂	1.18*	0.715*	0.704*	0.329*
喷洒1/1 000微生物菌剂	1.13*	0.718*	0.668	0.321*

备注：8月8日测定叶位为16叶，8月19日和8月29日测定叶位为18叶，9月10日测定叶位为21叶。

②对棉花气孔导度的影响。据临沂市农业科学院范永强研究，在重度盐碱地上施用芽孢杆菌微生物菌剂（有机质含量＞45%，微生物含量＞2亿个/g）80kg，较对照（单施氮、磷、钾肥料）的棉花气孔导度增加 85mol/(m² · s)，提高 25%以上（图 4-6）。

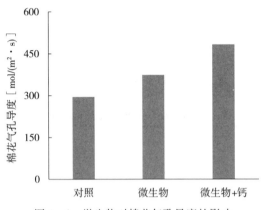

图 4-6 微生物对棉花气孔导度的影响

8. 微生物菌剂对作物品质的影响

（1）对硝酸还原酶活性的影响。大豆叶片硝酸还原酶（NR）活性与籽粒品质密切相关。据山东省农业科学院岳寿松研究，大豆喷洒微生物菌剂能够提高大豆叶片 NR 活性。8 月 8 日 1/1 000 和 1/500 微生物菌剂处理 NR 活性测定值与清水处理相比均达显著水平，8 月 19 日 NR 活性测定值仅1/1 000微生物菌剂处理与清水处理相比达显著水平，9月 1 日 NR 测定值各处理间无明显差异（图 4-7）。

（2）对大豆籽粒蛋白质和脂肪含量的影响。据山东省农业科学院岳寿松研究，用微生物菌剂拌种和大豆花荚期大豆植株喷洒微生物菌剂均能够增加大豆籽粒蛋白质和脂肪含

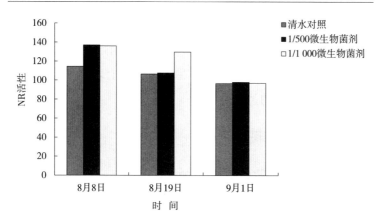

图 4-7　喷洒微生物菌剂对大豆叶片 NR 活性的影响（测定叶位为 18 叶）

量，且在花荚期植株喷施不同浓度的微生物菌剂大豆籽粒蛋白质和脂肪的增加幅度相近（表 4-11、表 4-12）。

表 4-11　微生物菌剂拌种对大豆籽粒蛋白质和脂肪含量的影响

处理	粒数/株（粒）	百粒重（g）	产量（kg/hm²）	蛋白质含量（%）	脂肪含量（%）
根瘤菌拌种	95.8	22.3	2 608.1	36.1	20.4
微生物拌种	107.7*	22.6	3 007.2*	38.9	22.2

表 4-12　喷洒微生物菌剂对大豆籽粒产量及籽粒蛋白质和脂肪含量的影响

处理	产量（kg/hm²）	增产率（%）	籽粒蛋白质含量（%）	籽粒脂肪含量（%）
喷洒清水	3 398.7	0	35.8	19.9
喷洒 1/500 微生物菌剂	3 552.5	4.5	37.7	21.2
喷洒 1/1 000 微生物菌剂	3 885.7*	14.3	37.8	21.4

二、微生物肥料

微生物肥料是借助微生物的生命活动使作物得到特定肥

料效应的一种制品，是农业生产中施用肥料的一种。其在中国的使用已有近50年的历史，从根瘤菌菌剂到细菌肥料再到微生物肥料，名称的演变也在一定程度上表明了我国微生物肥料逐步发展的过程。

▶ （一）微生物肥料的分类

1. 按照微生物分类学进行分类

（1）细菌性微生物肥料。肥料中添加了在微生物分类学上属于细菌界的微生物的肥料（表4-13）。

表4-13　细菌性微生物肥料中微生物的分类地位

菌类	界	门	纲	目	科	属
光合细菌	细菌界					
放线菌	细菌界	放线菌	放线菌	放线菌	放线菌	放线菌
乳酸菌	细菌界	厚壁菌	芽孢杆菌	乳酸菌	乳酸菌	乳酸菌
芽孢杆菌	细菌界	厚壁菌	芽孢杆菌	芽孢杆菌	芽孢杆菌	芽孢杆菌
根瘤菌	细菌界	变形杆菌	根瘤菌	根瘤菌	根瘤菌	根瘤菌

（2）真菌性微生物肥料。常见的真菌性微生物肥料是酵母菌肥。酵母菌属于原生生物界、子囊菌门、酵母菌科的真菌微生物。

2. 按照肥料中含有微生物种类的多少分类

（1）单一微生物肥料。如根瘤菌剂，是指以根瘤菌为生产菌种制成的微生物制剂产品，它能够固定空气中的氮元素，为宿主植物提供大量氮肥，从而达到增产的目的。

（2）复合微生物肥料。如EM菌。

3. 按照微生物肥料在农业生产中的作用分类

（1）发酵类微生物肥料。秸秆发酵剂、EM 肥，能够加快土壤或有机肥中有机物的发酵腐熟，缩短有机物的矿物化过程。

（2）固氮类微生物肥料。含有根瘤菌（固氮）的微生物肥料。

（3）多功能微生物肥料。除具有改善土壤结构、增加作物营养条件的功能外，还具有防治作物土传病害、增强作物的抗逆性等功效，如芽孢杆菌类菌肥。

▶ （二）主要微生物菌群概述

1. 光合细菌

光合细菌是具有原始光能合成体系的原核生物，是在厌氧条件下进行光合作用的细菌的总称。根据光合作用是否产氧，可分为不产氧光合细菌和产氧光合细菌；又可根据光合细菌碳源利用的不同，将其分为光能自养型和光能异养型，前者是以硫化氢为光合作用供氢体的紫硫细菌和绿硫细菌，后者是以各种有机物为供氢体和主要碳源的紫色非硫细菌。

（1）生物学分类。光合细菌的种类较多，目前主要根据它所含有的光合色素体系和光合作用中是否能以硫为电子供体划为 4 个科：红螺菌科或称红色无硫菌科、红硫菌科、绿硫菌科、滑行丝状绿硫菌科。在此基础上进一步分为 22 个属 61 个种。与生产应用关系密切的主要是红螺菌科的一些属种，如荚膜红假单胞菌、球形红假单胞菌、沼泽红假单胞菌、嗜硫红假单胞菌、深红红螺菌、黄褐红螺菌等。

红螺菌为厌氧的光能自养菌，细胞螺旋状，极生鞭毛，革兰氏染色阴性，含有叶绿素、类胡萝卜素，多数种在黑暗微好氧条件下进行氧化代谢，细菌悬液呈红色到棕色。

红假单胞菌形态从杆状卵形到球形，极生鞭毛，能运动，革兰氏染色阴性，含有叶绿素 a、叶绿素 b 和类胡萝卜素，没有气泡。厌氧光能自养菌某些种在黑暗中微好氧或好氧条件下进行氧化代谢，细菌悬液分别呈黄绿色到棕色和红色。

（2）作用原理。光合细菌群（好气性和嫌气性）菌体本身含蛋白质 60%以上，且富含多种维生素，还含有辅酶 Q10；它以土壤接收的光和热为能源，将土壤中的硫氢化合物和碳氢化合物中的氢分离出来，变有害物质为无害物质，并以植物根部的分泌物、土壤中的有机物、有害气体（硫化氢等）及二氧化碳、氮等为基质，合成糖类、氨基酸类、维生素类、氮素化合物；光合细菌群的代谢物质不仅能被植物直接吸收，还可以成为其他微生物繁殖的养分，促进其他有益微生物增殖。例如，VA菌根菌以光合细菌分泌的氨基酸为食饵，它既能溶解不溶性磷，又能与固氮菌共生，使其固氮能力成倍提高。光合细菌群是肥沃土壤和促进植物生长的主要力量。

光合细菌还含有抗细菌、抗病毒的物质，这些物质能钝化病原体的致病力以及抑制病原体生长。同时光合细菌的活动能促进放线菌等有益微生物的繁殖，抑制丝状真菌等有害菌群生长，从而有效地抑制某些植物病害的发生与蔓延。

（3）光合细菌肥在农业中的生产与应用。光合细菌肥的生产主要包括以下两个步骤：先是以有机、无机原料培养液接种光合细菌，经发酵培养成光合细菌菌液；然后以某种固体物质为载体吸附光合细菌菌液而成固体菌肥。

（4）施用方法。光合细菌肥一般用于农作物的基肥、追肥、拌种肥、叶面喷施和秧菌蘸根等。

（5）局限性。由于光合细菌应用历史比较短，许多方面的应用研究还处在初级阶段，还有大量的、深入的研究工作要做。尤其是这一产品在质量、标准以及应用效果等方面基础薄弱，有待进一步加强。目前的研究和试验已显示出光合细菌作为重要的微生物资源，开发应用的前景广阔，具有不可替代的应用市场，在人类活动中必将发挥越来越大的作用。

2. 乳酸菌

乳酸菌指发酵糖类主要产物为乳酸的一类无芽孢、革兰氏染色阳性的细菌总称，英文为 LAB，为原核生物。

（1）乳酸菌制剂的定义和分类。乳酸菌制剂是含活菌和/或死菌，包括其成分和代谢产物在内的细菌制品。按照乳酸菌制剂的功效和作用对象的不同，可将乳酸菌制剂分为食用乳酸菌制剂、药用乳酸菌制剂、农用乳酸菌制剂、兽用乳酸菌制剂、水产乳酸菌制剂等。按照剂型分为液体制剂和固体制剂。固体乳酸菌制剂一般是由含乳酸菌液体经过发酵增殖后，再通过冻干、喷雾干燥或包埋等手段制成。然后制作成颗粒、片剂、胶囊等状态进行销售。

（2）乳酸菌发酵原理。在酶的催化作用下将葡萄糖转化为乳酸，同时放出能量供其自身生命活动利用。

（3）乳酸菌的作用。第一，发酵作用。乳酸菌在土壤中可分解有机物。第二，抗菌作用。乳酸菌最终的代谢产物除乳酸、乙酸外，还有有机酸、细菌素、过氧化氢、乙醇和罗伊氏素等多种抑菌物质。如以乳酸片球菌为原料，将其制成液态药物，再把菠菜种子在这种药液中浸泡 24h，把如此处理的种子播种到含菠菜枯萎病病原菌的土壤内，结果在长出来的菠菜中，染病菠菜只占约 12%。辣椒苗经乳酸片球菌制剂处理后，因细菌引起的辣椒根部腐烂的概率是未经处理的约 20%。

3. 放线菌

（1）放线菌的概念。放线菌是一群革兰氏染色阳性、高（G+C）含量（>55%）的细菌，是一类主要呈菌丝状生长、以孢子繁殖的陆生性较强的原核生物。因在固体培养基上呈辐射状生长而得名。大多数有发达的分枝菌丝。菌丝纤细，宽度近于杆状细菌，$0.5 \sim 1.0 \mu m$。其中一种营养菌丝，又称基质菌丝，主要功能是吸收营养物质，有的可产生不同的色素，是菌种鉴定的重要依据。气生菌丝，叠生于营养菌丝上，又称二级菌丝。放线菌在自然界分布广泛，主要存在于土壤、空气和水中，在含水量低、有机物丰富、呈中性或微碱性的土壤中数量尤其多。

（2）放线菌的作用。放线菌的主要作用是促使土壤中的动物和植物遗骸腐烂；最重要的作用是可以产生、提炼抗生素，目前世界上已经发现的 2 000 多种抗生素中，大约有 56% 是由放线菌（主要是放线菌属）产生的，如植物用的农用抗生素和维生素等也是从放线菌中提炼的。

（3）放线菌的代表属。放线菌的代表属为链霉菌属，共1 000 多种，其中包括很多不同的种和变种。它们具有发育良好的菌丝体，菌丝体分枝，无隔膜，直径 $0.4 \sim 1.0 \mu m$，长短不一，多核。菌丝体有营养菌丝、气生菌丝和孢子丝之分，孢子丝可形成分生孢子。孢子丝和孢子的形态因种而异。

4. 土壤酵母菌

（1）土壤酵母菌的概念。土壤酵母菌可作为一种新型土壤疏松改良剂，其综合了肽蛋白的抗病性抗逆性、微生物的沃土性、新型土壤疏松剂的松土性等优点，是解决目前土壤板结严重、有益微生物减少、盐碱化加剧、有机质含量下降、保水性能变差问题的最佳微生物。土壤酵母菌生物稳定性强，可快速疏松土壤，补充土壤益生菌，促生长，抗病虫，改善品质，增产丰收，与复合肥、有机肥结合，可有效提高肥料利用率、减少肥料施用量，具有优越的松土保水性能。

（2）土壤酵母菌的功能。第一，能快速改变土壤阴阳离子结构，平衡土壤 pH，增加土壤有益菌，活化土壤，打破板结，培肥土壤，彻底免深耕。第二，抗重茬、减病害。抑制土壤中的真菌、细菌等各种病菌，抗重茬、减轻作物生长期病害发生。第三，加速各种秸秆腐化。使秸秆快速腐化成有机物，增加土壤有益营养菌，使土壤上虚下实，有利于作物扎深根，减少土传病害，减少作物缺苗、死苗及地下害虫的发生。第四，具有肥料增效剂功能。提高各种肥料利用率，分解沉积在土壤中的磷、钾肥，提高肥料利用率。第五，酵母结构中含有海藻糖，由两分子的吡喃葡萄糖单体以-1,1 糖苷键连接而成，在农业领域具有抗旱、抗寒作用。

5. 芽孢杆菌

（1）芽孢杆菌的概念。芽孢杆菌属于细菌，是一类能产生抗力内生孢子的革兰氏阳性菌，细胞呈杆状且外层覆盖大量的吡啶二羧酸钙。包括芽杆菌属、芽孢乳杆菌属、梭菌属、脱硫肠状菌属和芽孢八叠球菌属等。它们对外界有害因子抵抗力强，分布广，存在于土壤、水、空气以及动物肠道等处。

（2）芽孢杆菌的特性。第一，繁殖快。代谢快、繁殖快，4h增殖10万倍。第二，生命力强。耐强酸、耐强碱、抗菌、耐高氧（嗜氧繁殖）、耐低氧（厌氧繁殖）。第三，体积大。体积比一般病原菌分子大4倍，拥有空间优势，可抑制有害菌的生长繁殖。

（3）功能。第一，保湿性强。形成强度极为优良的天然材料聚麸胺酸，可防止土壤肥分及水分流失。第二，有机质分解力强。增殖的同时，会释出高活性的分解酵素，将难分解的大分子物质分解成可利用的小分子物质。第三，产生丰富的代谢生成物。合成多种有机酸、酶、生理活性物质及其他多种容易被利用的养分等。第四，抑菌、灭害力强。占据空间优势，抑制有害菌、病原菌等有害微生物的生长繁殖。第五，除臭。可以分解产生恶臭气体的有机物质、有机硫化物、有机氮等，大大改善场所的环境。

6. 秸秆发酵剂

（1）秸秆发酵剂的概念。秸秆发酵剂是由多种微生物组成，在土壤应用中各类微生物都各自发挥着重要作用，只要施用恰当，这些微生物就会迅速落户并与周围良性力量迅速结合，产生抗氧化物质，清除氧化物质，消除腐败和恶臭，预防和抑制病原菌，创造适合动植物生长的良好环境；同时，这些微生物还产生大量易为动植物吸收的有益物质，如氨基酸、有机酸、多糖类、各种维生素、各种生化酶、促生长因子、抗氧化物质、抗生素和抗病毒物质等，提高动植物的免疫功能，促进其健康生长。

（2）作用原理。秸秆发酵的原理是有效微生物的生长繁殖使分泌酸大量增加，秸秆中的木聚糖链和木质素聚合物酯链被酶解，促使秸秆软化，体积膨胀，木质纤维素转化成糖类。连续重复发酵又使糖类二次转化成乳酸和挥发性脂肪酸，使 pH 降低到 4.5～5.0，抑制腐败菌和其他有害菌类的繁殖，其中所含淀粉、蛋白质和纤维素等有机物降解为单糖、双糖、氨基酸及微量元素等，最终使那些不易被动物吸收利用的粗纤维转化成能被动物吸收的营养物质，提高吸收利用率。

7. EM 菌

EM 菌（Effective Microorganisms）由日本琉球大学的比嘉照夫教授于 1982 年提出，是以光合细菌、乳酸菌、酵母菌和放线菌为主的 10 个属 80 余种微生物复合而成的一种微生物菌剂。EM 菌作用机理是 EM 菌和病原微生物争夺营养，由于 EM 菌在土壤中极易生存繁殖，所以能较快而稳定地占据土壤中的生态地位，形成有益的微生物菌的优势群落，从而控制病原微生物的繁殖和对作物的侵袭。20 世纪80 年代末 90 年代初，EM 菌已被日本、泰国、巴西、美国、印度尼西亚、斯里兰卡等国广泛应用于农业、环保等领域，取得了明显的经济效益和生态效益。

8. 固氮菌

（1）固氮菌的概念。固氮菌是细菌的一科。菌体杆状、卵圆形或球形，无内生芽孢，革兰氏染色阴性。严格好氧，有机营养型，能固定空气中的氮素。包括固氮菌属、氮单胞菌属、拜耶林克氏菌属和德克斯氏菌属。固氮菌肥料多由固氮菌属的成员制成。

（2）固氮菌的组成。

①共生固氮菌。该菌在与植物共生的情况下才能固氮或有效地固氮，固氮产物氨可直接为共生体提供氮源。主要有根瘤菌属的细菌与豆科植物共生形成的根瘤共生体，弗氏菌属（一种放线菌）与非豆科植物共生形成的根瘤共生体，某些蓝细菌与植物共生形成的共生体，如念珠藻或鱼腥藻与裸子植物苏铁共生形成苏铁共生体，红萍与鱼腥藻形成的红萍共生体等。根瘤菌生活在土壤中，以动植物残体为养料，过着"腐生生活"。当土壤中有相应的豆科植物生长时，根瘤菌迅速向其根部靠拢，从根毛弯曲处进入根部。豆科植物根部在根瘤菌的刺激下迅速分裂膨大，形成"瘤子"，为根瘤菌提供了理想的活动场所，还供应了丰富的养料，让根瘤菌生长繁殖。根瘤菌又会卖力地从空气中吸收氮气，为豆科植物制作"氮餐"，使其枝繁叶茂。这样，根瘤菌与豆科植物形成共生关系，因此根瘤菌也被称为共生固氮菌。根瘤菌生产出来的氮肥不仅满足豆科植物的需要，还可以分出一些供给附近的植物，多余的部分储存在土壤中，为下茬作物提供氮素。所以我国历来有种豆肥田的习惯。

②自生固氮菌。如圆褐固氮菌，不需要在植物体内生活，靠自身就能从空气中吸收氮气，繁殖后代，死后将遗体"捐赠"给植物，让植物得到大量氮肥。

（3）固氮原理。氮气是空气中的主要成分，约占空气总量的4/5。然而由于氮气分子被三条化学键所束缚，因此不能被大部分植物直接吸收利用。固氮菌的本领在于它有一种固氮酶（含有铁、钴、钼），可以轻易地切断束缚氮分子的化学键，把氮分子变为能被植物消化、吸收的氮原子。俄罗斯莫斯科大学生化物理研究所的科研人员别尔佐娃经过多年探索研究，成功地解释了固氮菌在空气中生存固氮的机理。别尔佐娃因此获得了 2002 年的欧洲科学院青年科学家奖。

在几百万年前的太古时代，大气层中没有氧，地球上生存着大量的厌氧性生物。在地球上第一次大灾难发生后，地球表面出现了很多氧。大量厌氧性生物由于氧的出现而消失了，但有少量厌氧性生物由于躲藏在无氧、不透气的淤泥、沼泽地和深层土壤中而存活至今。也有一部分厌氧性生物如固氮菌，它适应了环境，能够在含氧 21％ 的大气层中存活，并从空气中吸收氮气。

9. 解磷菌

（1）解磷菌的概念。人们在 20 世纪初开始注意到微生物与土壤磷之间的关系。Sackett（1908）发现一些难溶性的复合物施入土壤后，可以被作为磷源而应用，他们从土壤中筛选出 50 株细菌，其中 36 株在平板上形成了肉眼可见的溶磷圈。1948 年，Gerretsen 发现植物所在土壤中施入不溶性的磷肥，经接种土壤微生物后，促进了植株的生长，增加了植物对磷的吸收。他分离出了这些微生物，发现这些微生物可帮助磷矿粉的溶解。从此，许多科学家致力于解磷菌的研究，相继发布了许多微生物具有解磷作用的报道。

具有解磷作用的微生物种类很多，也比较复杂。有人根据解磷菌分解底物的不同将它们划分为能够溶解有机磷的有机磷微生物和能够溶解无机磷的无机磷微生物，但实际上很难将它们区分开来。报道具有解磷作用的细

菌有芽孢杆菌属（*Bacillus*）、假单胞菌属
（*Pseudomonas*）、欧文氏菌属（*Erwinia*）、土壤杆菌属
（*Agrobacterium*）、沙雷氏菌属（*Serratia*）、黄杆菌属
（*Flavobacterium*）、肠杆菌属（*Enterbacter*）、微球菌属
（*Micrococcus*）、固氮菌属（*Azotobacter*）、根瘤菌属
（*Bradyrhizobium*）、沙门氏菌属（*Salmonella*）、色杆菌属
（*Clromobacterium*）、产碱杆菌属（*Alcaligenes*）、节细菌属
（*Arthrobacter*）、硫杆菌属（*Thiobacillus*）、埃希氏菌属
（*Escherichia*）、链霉菌（*Streptomyces*）；具有解磷作用的
真菌有青霉属（*Penicillium*）、曲霉属（*Aspergillus*）、根
霉属（*Rhizopus*）、镰刀菌属（*Fusarium*）、小菌核属
（*Sclerotium*）、丛枝菌根菌（*Arbuscular Mycorrhiza*，AM
菌根菌）。

（2）解磷作用及机理。解磷菌的解磷机制因不同的菌株
而有所不同。有机磷微生物在土壤缺磷的情况下，向外分泌
植酸酶、核酸酶和磷酸酶等水解有机磷，将有机磷转化为无
机磷酸盐。无机磷微生物的解磷机制一般认为与微生物产生
有机酸有关，这些有机酸能够降低土壤 pH，与铁、铝、
钙、镁等离子结合，从而使难溶性的磷酸盐溶解。Sperber
（1957）验证了解磷细菌可产生乳酸、羟基乙酸、延胡索酸
和琥珀酸等有机酸。Louw 和 Webly（1959）则认为微生物
产生的乳酸和酮基葡萄糖酸是溶解磷酸盐的有效溶剂。林启
美等也发现细菌可以产生多种有机酸，且不同菌株之间差别
很大。赵小蓉等的研究表明，微生物的解磷量与培养液 pH
存在一定的相关性（-0.732），但同时也发现培养介质 pH
的下降，并不是解磷的必要条件，表明不同的有机酸对铁、

铝、钙、镁等离子的螯合能力有差异。Rajan（1981）等报道将磷矿粉、硫颗粒和一种硫氧化细菌混用，通过硫氧化细菌的作用使硫颗粒氧化成硫酸，溶解磷矿粉。

　　大量研究报道真菌的解磷作用与有机酸的产生有关。王富民（1992）等对黑曲霉的研究表明，该菌在发酵过程中产生草酸、柠檬酸等多种有机酸。James（1992）研究了真菌溶解磷酸钙的机制，结果证明真菌在培养过程中主要产生草酸和柠檬酸，且氮缺乏有利于柠檬酸产生，碳缺乏有利于草酸产生。范丙全等（2002）对溶磷草酸青霉菌溶磷效果研究表明，氮源影响草酸青霉菌产生有机酸的种类，使用铵态氮时主要分泌苹果酸、乙酸、丙酸、柠檬酸、琥珀酸，在硝态氮条件下几乎不产生这些有机酸，可见氮源的不同影响了有机酸的代谢方向，并且同一种菌的解磷机理可能不止一种。另外，一些解磷菌导致培养介质酸度的提高与产生的有机酸无关，不产有机酸的微生物也具有解磷的作用，究其机制可能与呼吸作用产生碳酸和 NH_4^+/H^+ 交换机制有关。研究证明微生物在摄取阳离子（如 NH_4^+）的过程中，利用ATP转换时所产生的能量，将 H^+ 释放在细胞表面，有利于有机磷的溶解，如AM菌根菌促进植物对磷的吸收，促进作物生长，增加植株磷素浓度，改善植物的磷营养方面的报道较多。宋勇春（2001）在缺磷土壤中施用植酸和卵磷脂时，接种了几种菌根菌（*Glomus mosseae*、*Glomus versiformea*、*Gigaspora margarita*），对根际土壤测定表明，菌根菌增加了土壤酸性磷酸酶和碱性磷酸酶的活性，促进了土壤难溶性有机磷的有效化及玉米和红三叶草对磷的吸收。Arihara等（2000）对AM菌根菌与玉米生长关系的研究表明，玉米产量与 AM 菌根菌定殖率呈正相关，$R = 0.80$。AM 菌根菌促进植物对磷的吸收的机制主要为：菌根菌增加了植物根系吸收磷的表面积，使植物可以吸收原来无法利用的磷源，菌根菌能转化、输送磷源供寄主植物利用；测定微生物是否具有解磷能力一般有 3 种方法，一是平板法，即将解磷菌在含有难溶性磷酸盐或有机磷的固体培养基上培养，测定菌落周围产生溶磷圈的大小；二是液体培养法，测定培养液中可溶性磷的含量；三是土壤培养法，土壤中接种待测微生物，一段时间后测定土壤中有效磷含量。

Sperber 对细菌解磷作用进行了深入研究。Sperber 从土壤中分离出 291 株细菌，其中 184 株能够生长在含有难溶性磷酸盐的平板上，84 株在菌落周围产生 1～10mm 的溶磷圈。尹瑞玲（1988）测定了从土壤中分离出的 265 株细菌溶解摩纳哥磷矿粉的能力，发现这些细菌培养 6d（28℃）后，溶磷能力平均为 2～30mg/g，其中 44 株巨大芽孢杆菌（*Bacillus megaterium*）、节细菌、黄杆菌、欧文氏菌及假单胞杆菌解磷能力最强，达 25～30mg/g。Sundara Rao 等（1963）利用磷酸三钙作为磷源，将菌株液体培养 14d 后，发现几株芽孢杆菌解磷能力达 70.52～156.80mg/mL。Paul 和 Sundara Rao 测定发现，从豆科植物根际分离出来的几株芽孢杆菌溶解磷酸三钙的效率高达 18%，其中解磷能力最强的是巨大芽孢杆菌。Molla 和 Chowdhury（1984）也报道了不同的解磷菌株之间在解磷能力上的差异。另外，林启美和赵小蓉（2001）将纤维素分解菌康氏木霉 W9803Fn（*Trichoderma konigii*）、产黄纤维单胞菌 W9801Bn（*Cellulomonas flavigena*）与无机磷细菌 2VCP1 共培养时发现，纤维素分解菌的分解作用，为无机磷细菌生长繁殖提供碳源，提高了无机磷细菌溶解磷矿粉的能力。边武英（2000）等研究了高效解磷菌（PEM）对针铁矿-磷复合体吸附磷的活化作用，结果表明 PEM 能有效地利用矿物吸附磷，微生物利用率和转化率分别达到57.5％和61.7％，均明显高于一般土壤微生物。

解磷真菌在数量上远不如解磷细菌多，其种类也少，主要局限于青霉属、曲霉属、镰刀菌属、小菌核属等几个属种。由于青霉和曲霉在解磷真菌中占绝对优势，故对这两个属真菌的解磷作用及应用效果的研究报道较多。Kucey（1989）从草原土壤中分离的解磷真菌大多为青霉和曲霉，并证明虽然解磷真菌的种类不多，但其解磷能力通常比细菌强。许多解磷细菌在传代培养后会丧失解磷功能，而且一旦丧失就不能再恢复，而解磷真菌遗传较稳定，一般不易失去解磷功能。Kucey（1987）、Asea（1988）、Cerezine（1988）、Nahas（1990）、王富民（1992）和范丙全（2002）对青霉菌 *Penicillium bilaii*，*P. oxalicum* 或曲霉菌 *Aspergillus niger* 的解磷作用都进行了详细地研究报道。

▶ （三）微生物肥料的标准

微生物肥料的标准参照《农用微生物菌剂》（GB 20287—2006）执行（表 4-14 至表 4-16）。

表 4-14　农用微生物菌剂产品的技术标准

项目	剂型		
	液体	粉剂	颗粒
有效活菌数（cfu）[a]/（亿/g 或亿/mL）≥	2.0	2.0	1.0
霉菌杂菌数（个/g 或个/mL）≤	3×10^6	3×10^6	3×10^6
杂菌率（％）≤	10.0	20.0	30.0

（续）

项目	剂型		
	液体	粉剂	颗粒
水分（%）≤	—	35.0	20.0
细度（%）≥	—	80.0	80.0
pH	5.0～8.0	5.5～8.5	5.5～8.5
有效期b/月≥	3	6	

a. 复合菌剂，每一种有效菌的数量，不得少于 0.01 亿/g 或 0.01 亿/mL；以单一的胶质芽孢杆菌制成的粉剂产品中有效活菌数少于 1.2 亿/g。

b. 此项仅在监督部门或仲裁双方认为有必要时检测。

表 4-15　有机物料腐熟剂产品的技术标准

项目	剂型		
	液体	粉剂	颗粒
有效活菌数（cfu）/（亿/g 或亿/mL）≥	1.0	0.5	0.5
纤维素酶活a/（U/g 或 U/mL）≤	30.0	30.0	30.0
蛋白酶活b/（U/g 或 U/mL）≤	15.0	15.0	15.0
水分/（%）≤	—	35.0	20.0
细度/（%）≥	—	70.0	70.0
pH	5.0～8.0	5.5～8.5	5.5～8.5
有效期c/月≥	3	6	

a. 以农作物秸秆类为腐熟对象测定纤维素酶活。

b. 以畜禽粪便类为腐熟对象测定蛋白酶活。

c. 此项仅在监督部门或仲裁双方认为有必要时检测。

表 4-16　农用微生物菌剂产品的无害化技术指标

参数	标准限值
粪大肠菌群数/（个/g 或个/mL）	≤100
蛔虫卵死亡率（%）	≥95
砷及其化合物（以 As 计）/（mg/kg）	≤75

（续）

参数	标准限值
镉及其化合物（以 Cd 计）/（mg/kg）	≤10
铅及其化合物（以 Pb 计）/（mg/kg）	≤100
铬及其化合物（以 Cr 计）/（mg/kg）	≤150
汞及其化合物（以 Hg 计）/（mg/kg）	≤5

三、生物有机肥料

▶ （一）生物有机肥料加工工艺

生物有机肥料是指特定功能微生物与主要以动植物残体（如畜禽粪便、农作物秸秆等）为来源并经无害化处理、腐熟的有机物料复合而成的一类兼具微生物肥料和有机肥效应的肥料。加工工艺是将原料干燥除去一定水分后（干燥时，即对原料进行了灭菌处理）进行破碎，然后加入一定量酸碱调节载体后加入一定量的菌剂，即为粉状生物有机肥料。如果生产颗粒生物有机肥料，则可将调制好的有机肥送入圆盘造粒机，在成粒过程中喷入一定量菌剂，成粒的产品再进行低温烘干、筛分后，即可得成品。

▶ （二）生物有机肥料与不同类型肥料的比较

生物有机肥料是汲取传统有机肥料之精华，结合现代生物技术加工而成的高科技产品。含有大量有机质和大量活的有益微生物及微生物代谢产物，集营养元素速效、长效、增效于一体，具有抑制土传病害、增强作物抗逆性、促进作物早熟和提高农作物产量和农产品品质的作用。主要特点如下：

1. 生物有机肥料与化学肥料相比

生物有机肥料营养元素齐全，化学肥料只有一种或几种元素。生物有机肥料能够改良土壤，化学肥料经常使用会造成土壤板结。生物有机肥料能提高产品品质，化学肥料施用过多导致产品品质低劣。生物有机肥料能改善作物根际微生物群，提高植物的抗病虫能力，施用化学肥料易使作物根际微生物群体单一，易发生病虫害。生物有机肥料能促进作物对化学肥料的利用，提高化学肥料利用率，化学肥料单独使用易造成养分的固定和流失，利用率低。

2. 生物有机肥料与精制有机肥料相比

生物有机肥料不烧根，不烂苗；精制有机肥料未经腐熟，直接使用后在土壤里腐熟，会引起烧苗现象。生物有机肥料经高温腐熟，杀死了大部分病原菌和虫卵，可减少病虫害发生；精制有机肥料未经腐熟，在土壤中腐熟时会引来地下害虫。生物有机肥料中添加了有益菌，可形成菌群的占位效应，减少病害发生；精制有机肥料由于高温烘干，杀死了里面的全部微生物，包括有益微生物。生物有机肥料养分含量高；精制有机肥料由于高温处理，造成了养分损失。生物有机肥料经除臭处理，气味轻，几乎无臭；精制有机肥料未经除臭处理，返潮即出现恶臭。

3. 生物有机肥料与农家肥相比

生物有机肥料完全腐熟，虫卵死亡率达到 95％ 以上；农家肥堆放简单，虫卵死亡率低。生物有机肥料无臭，农家肥有恶臭。生物有机肥料施用方便、均匀；农家肥施用不方便，施用不均匀。

4. 生物有机肥料与微生物肥料相比

生物有机肥料价格便宜，微生物肥料价格昂贵。生物有机肥料含有功能菌和有机质，能改良土壤，促进被土壤固定养分的释放；微生物肥料只含有功能菌，施用后通过功能菌来促进被土壤固定的养分的利用。生物有机肥料的有机质本身就是功能菌生活的环境，施入土壤后功能菌容易存活；微生物肥料的功能菌有一定的土壤适用范围，某些菌对有些土壤环境可能不适合。

▶（三）生物有机肥料的标准

生物有机肥料标准参照《复合微生物肥料》（NY/T 798—2015）执行（表 4-17、表 4-18）。

表 4-17　复合微生物肥料产品技术指标要求

项目	剂型	
	液体	固体
有效活菌数（cfu)[a]/（亿/g 或亿/mL）	$\geqslant 0.5$	$\geqslant 0.2$
总养分（$N+P_2O_5+K_2O$）[b]（%）	$6.0 \sim 25$	$8.0 \sim 25.0$
有机质（以烘干基计）（%）	—	$\geqslant 20$
杂菌率（%）	$\leqslant 15.0$	$\leqslant 30.0$
水分（%）	—	$\leqslant 30.0$
pH	$5.5 \sim 8.5$	$5.5 \sim 8.5$
有效期[c]（月）	$\geqslant 3$	$\geqslant 6$

a. 含两种以上有效菌的复合微生物肥料，每一种有效菌的数量不得少于 0.01 亿/g 或亿/mL。

b. 总养分应为规定范围内的某一个确定值，其测定值与标定值正负偏差的绝对值不应大于 2.0%，各单一养分应不少于总养分含量的 15%。

c. 此项仅在监督部门或仲裁双方认为有必要时才检测。

表 4-18　复合微生物肥料产品无害化指标要求

参数	标准限值
粪大肠菌群数（个/g 或个/mL）	≤100
蛔虫卵死亡率（%）	≥95
砷（As）（以烘干基计）（mg/kg）	≤15
镉（Cd）（以烘干基计）（mg/kg）	≤3
铅（Pb）（以烘干基计）（mg/kg）	≤50
铬（Cr）（以烘干基计）（mg/kg）	≤150
汞（Hg）（以烘干基计）（mg/kg）	≤2

四、微生物肥料和生物有机肥料的科学施用

正确和合理的施用方法是发挥微生物肥料和生物有机肥料作用的重要保证。

1. 足墒适温施用

据研究，当土壤湿度在 70% 左右，且气温在 10~30℃肥效较好。土壤湿度过高或过低，气温低于 10℃ 或高于35℃时，肥料的转化和吸收就会遇到障碍。因此，无论在何种土壤上施用，都要有充足的墒情，促其迅速分解转化。

2. 搭配其他肥料施用

为了发挥肥料的速效与长效，凡是施用微生物肥料和生物有机肥料的大田，要配合施用矿物营养元素，不能用微生物肥料和生物有机肥料取代其他肥料。

第五章

生物刺激素肥料

一、植（动）物源生物刺激素

（一）腐植酸

1. 概念

腐植酸（Humic acid，HA）中文别名黑腐酸、腐质酸、腐殖酸、硝基腐殖酸、腐植酸类等，是一种大分子有机弱酸，分子量在 1 000～20 000，是动植物遗骸（主要是植物遗骸）经过微生物的分解、转化等一系列过程形成和积累起来的一类有机物质。它不是单一的化合物，而是羟基芳香族和羧酸的混合物。

2. 腐植酸的作用

（1）改良土壤。

①增加土壤团粒结构。在所有土壤结构中，以粒径范围在 0.5～10.0mm 的团粒结构最理想。团粒结构含量高的土壤在肥力上主要有以下四方面的作用。

第一，能协调水分和空气的矛盾。具有团粒结构的土壤，由于团粒间大孔隙增加，大大地改善了土壤透气能力，容易接纳降水和灌溉水。水分由大孔隙渗入土壤，逐步进到团粒内部的毛管孔隙中，使团粒内部充满水分，多余的水分继续渗湿下面的土层，减少了地表径流和雨水的冲刷侵蚀。所以这种土壤比黏土透水，比沙土保水，使团粒成了"小水库"。大孔隙中的水分渗完以后，空气就能补充进去。团粒间空气充足，团粒内部水分充足，能满足作物生长的需要。雨后或灌溉后，表层土壤团粒结构的水分会逐渐蒸发，表层团粒干燥以后，与下层团粒断开连接，形成一个隔离层，使下层水分不能借毛细管作用往上输送而蒸发，水分得以保存。

第二，能协调土壤养分的消耗和积累的矛盾。具有团粒结构的土壤，团粒间大孔隙供氧充足，好气性微生物活动旺盛，因此团粒表面有机质分解快而养分供应充足，有利于植物生长。团粒内部孔隙小时，缺乏空气，有机质进行嫌气分解，分解缓慢而使大量养分得以保存。团粒外部分解愈快，则团粒内部愈为嫌气，分解也愈慢。所以具有团粒结构的土壤是由团粒外层向内层逐渐分解释放养分，这样一方面源源不断地向植物供应养分，另一方面可以使团粒内部的养分积存起来，形成"小肥料库"。

第三，能使土壤温度比较恒定。团粒内部保存水分较多，温度变化较小，所以整个土层白天的温度比不保水的沙土低，夜间温度却比沙土高。全天土温较为稳定，有利于植物生长。

第四，改良耕作层，使作物根系发达。有团粒结构的土壤黏性小，疏松易耕，宜耕期长，而且根系穿插阻力小，有利于发根。腐植酸是一种有机胶体物质，由极小的球形微粒结成线状或葡萄状，形成疏松有海绵状的团聚体。它具有黏结性，是土壤的主要黏结剂。但它的黏结力比土壤黏结力小，可使土壤变疏松。腐植酸能直接和土壤中的黏土矿物生成腐植酸-黏土复合体，复合体和土壤中的钙、铁、铝等形成絮状凝胶体，把分散的土粒胶结在一起，形成水稳性团粒结构，即遇水不易松散的团粒。腐植酸能促进土壤中真菌的活动，使其菌丝体可以缠绕土粒，菌丝体的转化产物和某些细菌的分泌物，如多聚糖、氨基糖等也能黏结土粒，增强土壤团粒结构的水稳性，提高其抗侵蚀性。具有团粒结构的土壤通气性好，作物所需要的氧气和二氧化碳气体能顺利交换，有利于种子生根、发芽和生长。而且这种团粒结构中所保存的水分，在自然条件下也难以挥发，所以大大提高了土壤的保墒能力。

　　② 提高土壤的缓冲性能。腐植酸是弱酸，它与钾、钠、铵等一价阳离子作用，生成能溶于水的弱酸盐类。腐植酸和它的盐类在一起组成缓冲溶液，当外界的酸性或碱性物质进入土壤时，它能够在一定程度上维持土壤溶液的 pH 大致不变，保证作物在 pH 比较稳定的环境中生长。酸性土壤，氢离子（H^+）浓度大，铁、铝氧化物多，腐植酸与铁离子（Fe^{3+}）、铝离子（Al^{3+}）整合，释放出氢氧根离子（OH^-）与土壤溶液中的氢离子（H^+）起中和反应，从而降低了土壤酸度。碱土中，碳酸钠危害作物生长，施用腐植酸肥料后，碳酸钠与腐植酸中的钙、镁、铁盐等发生反应，因而降低了土壤的碱性。此外，在盐碱地中腐植酸一方面可改变土壤表层结构，切断毛细管，破坏盐分上升的条件，起到"隔盐作用"，减少土壤表层的盐分累积；另一方面可发挥其代换量大的特性，把土壤溶液中的钠离子（Na^+）代换吸收到腐植酸胶体上，减轻钠离子（Na^+）对作物的危害。

（2）为植物提供营养。腐植酸本身是有机物质，被植物体吸收有三个途径。一是小分子的有机酸直接被根吸收，为作物提供碳（C）营养。二是被根际分泌物、根际酶等作用分解为更小的分子后，被根吸收。腐植酸含有作物必需的多种元素，如碳（C）、氢（H）、氧（O）、氮（N）、硫（S）、磷（P）等，可通过作物根部直接进入作物体内。三是有些腐植酸与土壤中难溶金属离子络合为可溶性物质，如与钙（Ca）、镁（Mg）、铜（Cu）、铁（Fe）、锰（Mn）、锌（Zn）等的离子形成络合物，以水溶性离子态与根系发生代换，进入作物体内，这一点是其他肥料所不具备的。

（3）刺激作物生长。

① 调控酶促反应，增强植物生命活力。酶是植物生命活动的生物催化剂。植物的生命活动表现在新陈代谢过程中，即植物与外界环境之间的物质和能量交换及体内物质和能量转化的过程，其综合表现是生长发育。这些新陈代谢都是在一系列酶的专一作用下进行的，少量的酶就能起很强的催化作用。酶的作用大小以酶的活性来体现，如果没有酶促反应，新陈代谢就会中断，生命活动也就停止了。许多研究表明，腐植酸能调控植物体内多种酶的活性，特别是加强末端氧化酶的活性，刺激和抑制双向调节作用，从而提高植物代谢水平。

② 具有类似植物内源激素的作用。酶对植物生命活力有着非常重要的作用，但很多酶的活性则受极微量的具有生理活性的激素传递信息调控，因此植物激素在协调新陈代谢、促进生长发育等生理过程中充当重要角色。激素是植物正常代谢的产物，已知的植物内源激素有五大类，即生长

素、赤霉素、细胞分裂素、脱落酸和乙烯，还有其他类如维生素 C 等，它们有各自独特的和互相配合的生理作用。许多研究表明，腐植酸影响植物的很多生理反应，具有类似植物内源激素的作用。第一，腐植酸有类似生长素效果，促使根的生长。腐植酸对根的刺激作用超过对茎的，可促进根端分生组织的生长和分化，使幼苗发根伸长加快，次生根增多。第二，腐植酸促进作物种子萌发、出苗整齐和幼苗生长，具有类似赤霉素的效果。据报道，小麦经"旱地龙"（腐植酸）处理，发芽率及大田出苗率比对照提高 2.3%～13.5%，早出苗 2d，谷子经"旱地龙"（腐植酸）处理出苗率也提高 10%。第三，腐植酸使作物叶片增大、增重、保绿、青叶期延长，下部叶片衰老推迟，促进伤口愈合等，具有类似细胞分裂素的作用。第四，腐植酸促使作物气孔缩小、蒸腾速率降低，具有类似脱落酸（ABA）的作用。脱落酸是植物体最重要的生长抑制剂，可提高植物适应逆境的能力。第五，腐植酸使果实提前着色、成熟，似乙烯催热作用。第六，腐植酸促进细胞分裂和细胞伸长、分化等方面的作用又类似脱落酸和乙烯的作用。

③增强植物的呼吸作用。植物的呼吸作用是消耗碳水化合物放出生物能量的过程，是一系列氧化还原反应。腐植酸对植物呼吸作用的促进是明显的。腐植酸分子含有酚-醌结构，能形成氧化还原体系。酚羟基和醌基互相转化，促进作物的呼吸作用。腐植酸的这一种功能，对于处于缺氧环境中的作物非常重要。例如，种子埋在土层下面，发芽生根需要氧气，根愈往下扎，氧气愈不够，当土层中有腐植酸时，则与还原性物质作用放出氧，使酚氧化变成醌，输送到缺氧的

根部，以满足作物根部及其他缺氧部位的需要。据中国农业大学测定，水稻用腐植酸浸种，根的呼吸强度增加了87％，叶片呼吸强度增加了39％。

（4）肥料缓释作用。

①腐植酸具有较强的络合、螯合和表面吸附能力。在适当配比和特殊工艺条件下，化学肥料可以与腐植酸作用，形成以腐植酸为核心的有机、无机络合体，从而有效地改善土壤中营养元素的供应过程和土壤酶活性，提高养分的化学稳定性，减少氮的挥发、淋失以及磷、钾的固定与失活。

②腐植酸能降低植物体内硝酸盐含量。腐植酸的缓释效应可抵消因偏施氮肥而导致的土壤中氮素和硝酸盐富集，从而使植物平衡吸收氮素。植物吸收氮素用于合成蛋白质，如果氮素转化得快，体内贮存就少，硝酸盐含量就少。腐植酸吸收锌、锰和铜，刺激硝酸还原酶、蛋白酶的活性，使植物体内的硝态氮及时向氨态氮转化，促进蛋白质的合成，不仅能提高化肥利用率，而且还能提高氮素代谢水平，降低硝酸盐含量，使食品更为安全。

（5）增加肥效，提高肥料利用率。

①对氮肥的影响。腐植酸对土壤中潜在氮素的影响是多方面的，腐植酸刺激作用使土壤微生物的生长速度加快，导致有机氮矿化速度加快。腐植酸具有较高的盐基交换量，能够减少氮的挥发流失，同时也使土壤速效氮的含量有所提高。

②对磷肥的影响。腐植酸对磷肥作用的研究国外已进行多年，我国也进行了这方面的研究，结果表明，不添加腐植酸，磷在土壤中垂直移动距离为3～4cm，添加腐植酸垂直

移动距离可以增加到 $6 \sim 8cm$，增加近 1 倍，说明腐植酸有助于作物根系对磷的吸收（沈阳农业大学）。腐植酸对磷矿的分解有明显的效果，并对速效磷的保护作用、减少土壤对速效磷的固定、促进作物根部对磷的吸收、提高磷肥的利用率均有极高的价值。腐植酸对 Fe^{3+}、Al^{3+}、Mg^{2+} 等金属离子有较强的络合能力，可形成较为稳定的络合物。通过这种络合竞争可减少这些金属离子与土壤磷的结合，减少磷在土壤中的固定失活。

③对钾肥的影响。腐植酸对钾肥的增效作用主要表现在：腐植酸的酸性功能团可以吸收和储存钾离子，减少钾元素在沙土及淋溶性强的土壤中随水的流失量，防止黏性土壤对钾的固定，对含钾的硅酸盐、钾长石等矿物有溶蚀作用，可使其缓慢释放钾元素，有利于提高钾素利用率。

④促进微量元素的吸收和运输。许多微量元素如铁、铜、锌、锰、硼、钼等是参与植物代谢活动的酶或辅酶的组成成分，或对多种酶的活性及植物抗逆性有重要影响。腐植酸能与土壤中的金属元素形成可溶性的络合（螯合）物，对铁的络合能力最强且活性高。植物吸收的大量元素在植物体内容易移动，微量元素如铁、硼、锌等则移动性差。腐植酸与微量元素络合后被植物吸收，促进了微量元素从根部向上运输，向其他叶片扩散，可提高微量元素利用率，这一作用是一些无机元素所欠缺的。示踪试验表明，HA-Fe 比 $FeSO_4$ 从根部进入植株的数量多 32%，在叶部移动的数量比 $FeSO_4$ 多 1 倍，使叶绿素含量增加 $15\% \sim 45\%$，有效地解决了缺铁引起的黄叶病。试验研究表明，腐植酸对改善作物矿质营养、调节大量元素与微量元素的平衡有重要影响。

⑤腐植酸也是根际微生物的养分，施用腐植酸后的土壤中微生物活动活跃、数量显著增加。据测定，施用腐植酸后，土壤中分解纤维的微生物数量增加1倍多，分解氨基酸的氨化细菌数量增加1～2倍。

（6）解毒（污）作用。腐植酸与重金属如汞、砷、镉、铬、铅等可以形成难溶的复杂络合物，阻断重金属对植物的危害。腐植酸是胶质的有机弱酸，可以加速分解除草剂，进而缓解除草剂的药害。

（7）抗逆作用。腐植酸能减弱植物叶片气孔张开强度，减少叶面蒸腾，从而降低耗水量，使植株体内水分状况得到改善，保证作物在干旱条件下正常生长发育，增强抗旱性。

▶ （二）氨基酸

1. 概念

氨基酸是含有氨基和羧基的一类有机化合物的通称，是生物功能大分子蛋白质的基本组成单位，是构成动物所需蛋白质的基本物质，是含有一个碱性氨基和一个酸性羧基的有机化合物。氨基酸可按照氨基连在碳链上的不同位置而分为 $\alpha-$、$\beta-$、$\gamma-$、$\omega-$氨基酸，但经蛋白质水解后得到的氨基酸都是 $\alpha-$氨基酸或亚氨基酸，而且仅有 22 种，包括甘氨酸、丙氨酸、缬氨酸、亮氨酸、异亮氨酸、甲硫氨酸、脯氨酸、色氨酸、丝氨酸、酪氨酸、半胱氨酸、苯丙氨酸、天门冬氨酸、谷氨酰胺、苏氨酸、天冬氨酸、谷氨酸、赖氨酸、精氨酸、组氨酸、硒半胱氨酸和吡咯赖氨酸，它们是构成蛋白质的基本单位。

2. 氨基酸的作用

（1）土壤改良作用。土壤团粒结构是土壤结构的基本单位。氨基酸可降低土壤中的盐分含量、pH，改善土壤理化性状，促进土壤团粒结构的形成，降低土壤容重，增加土壤总孔隙度和持水量，提高土壤保水保肥的能力，从而为植物根系生长发育创造良好的条件。

土壤微生物是土壤的重要组成部分，对土壤有机无机质的转化、营养元素的循环以及对植物生命活动过程中不可缺少的生物活性物质——酶的形成均有重要影响。氨基酸能促进土壤微生物的活动，增加土壤微生物的数量，增强土壤酶的活性。国内外大量研究资料证实，施用氨基酸肥可使好气性细菌、放线菌、纤维分解菌的数量增加，对加速有机物的矿化、促进营养元素的释放有利。

（2）使肥料增效，提高肥料利用率。

①对氮肥的增效作用。尿素、碳酸氢铵及其他氮肥，挥发性强，利用率较低，氨基酸和这些氮肥混施后，可提高氮肥吸收利用率 $20\% \sim 40\%$。另外，氨基酸对土壤中潜在氮素的影响是多方面的，氨基酸的刺激作用，使土壤微生物流动性增加，导致有机氮矿化速度加快；氨基酸具有较高的盐基交换量，能够减少氮的挥发流失，同时也使土壤速效氮的含量有所提高。

②对磷肥的增效作用。研究结果表明，在不添加氨基酸的条件下，磷在土壤中的垂直移动距离 $3 \sim 4cm$，添加氨基酸后磷在土壤中的垂直移动距离可以增加近 1 倍，有助于作物根系对磷的吸收。氨基酸对磷矿的分解有明显的效果，并且对速效磷有保护作用，可减少对速效磷的固

定，促进作物根部对磷的吸收以及提高磷肥的吸收利用率。

③对钾肥的增效作用。氨基酸的酸性功能团可以吸收和贮存钾离子，防止其在沙土及淋溶性强的土壤中随水流失，可以防止黏性土壤对钾的固定；对含钾的硅酸盐、钾长石等矿物有溶蚀作用，使这些矿物缓慢分解并释放钾离子，从而提高土壤速效钾的含量。

④对中微量元素肥料的增效作用。钙、镁、锌、锰、铜、硼、钼等多种中微量元素是作物体内多种酶的组成成分，对促进作物的生长发育、提高抗病能力、增加产量和改善品质等都有非常重要的影响。氨基酸可与难溶性中微量元素发生螯合反应，生成溶解度好、易被作物吸收的氨基酸-微量元素螯合物，并能促进被吸收的微量元素从根部向地上部转移，这种作用是无机微量元素肥料所不具备的。

（3）刺激作用。氨基酸含有多种官能团，被活化后的氨基酸成为高效生物活性物质，对作物生长发育及体内生理代谢有刺激作用。

①色氨酸和甲硫氨酸在土壤中主要被微生物合成生长素和乙烯，色氨酸是生长素的前体物质，甲硫氨酸是乙烯的前体物质，因此二者可起到类激素作用，刺激根端分生组织细胞的分裂与伸长，促进幼苗根系发育，增加作物次生根数量，增强根系吸收功能。

②氨基酸进入植物体内后，对植物起到刺激作用，主要表现在增强作物呼吸强度、光合作用和各种酶的活动方面。

（4）营养作用。

①土壤环境中80％以上的氮是以有机态形式存在的，但过去人们认为植物是不能利用有机态氮的。直到19世纪末以后，不断有研究结果表明植物能够吸收一定量的氨基酸并加以利用，不仅作物的根能吸收氨基酸，有些作物的茎叶也能吸收氨基酸。氨基酸是农作物生长的必需物质，作物吸收氨基酸后能够在体内将其转化合成其他氨基酸，同时，作物与土壤中的微生物对氨基酸的吸收存在一定的竞争关系。

② 氨基酸对植物生长特别是光合作用具有独特的促进作用，尤其是甘氨酸，它可以增加植物叶绿素含量，提高酶的活性，促进二氧化碳的渗透，使光合作用更加旺盛。氨基酸对提高作物品质、增加维生素C和可溶性糖的含量都有着重要作用。

（5）抗逆作用。施用氨基酸的作物，由于土壤结构得到改良，土壤微生物数量增多、繁殖速度加快，作物根系发达，吸收养分和水分的能力提高，光合作用加强，作物的抗性包括抗旱、抗涝、抗倒、抗病能力等增强。

（6）增产提质作用。大面积示范结果表明，氨基酸对不同作物的产量和产量构成因素的作用是不同的。对粮食作物有增产作用，表现为使穗增大、粒数增多和千粒重增加等。如玉米施用氨基酸肥料，可促进玉米早熟，增强抗倒性，增加穗粒数和千粒重，比施用其他肥料平均增产7％～9％，每亩增收25～40kg；西瓜施用氨基酸后，含糖量增加13.0％～31.3％，维生素C含量增加3.0％～42.6％。

▶ （三）海藻酸

1. 概念

海藻是生长在海洋中的藻类，属低等光合营养植物，不开花结果，在植物分类学上称为隐花植物。海藻是海洋有机物的原始生产者，具有强大的吸附能力，营养极其丰富，含有大量的非含氮有机物、维生素和钾、钙、镁、铁等 40 余种营养物质，特别含有海藻多糖、褐藻酸、高度不饱和脂肪酸和多种天然植物生长调节剂等。因此，在工业、医药、食品及农业生产上经济价值巨大，用途广泛。

2. 成分

海藻干物质中主要含碳水化合物、粗蛋白、粗脂肪、灰分等无机物质和有机物质。海藻中的主要有机成分为碳水化合物，占干重的 $40\%\sim60\%$；粗脂肪占干重的 $0.1\%\sim2.0\%$（褐藻粗脂肪含量稍高）；粗蛋白含量一般在 40% 以下（表 5 - 1）。灰分在藻种间含量变化较大，一般为 $20\%\sim40\%$。

表 5 - 1 海藻的有机成分（%）

海藻名称	碳水化合物	粗纤维	粗脂肪	粗蛋白
海带（*Laminaria japonica*）	42.3	7.3	1.3	8.2
羊栖菜（*Sargassum fuslforme*）	22.2	7.6	1.0	8.0
裙带菜（*Undaria pinnatifida*）	30.1	9.0	1.7	16.0
条斑紫菜（*Porphyra yezoensis*）	46.9	0.6	0.2	36.3
石花菜（*Gelidium amansii*）	49.4	10.8	0.5	21.3
浒苔（*Enteromorpha clathrata*）	26.3	9.1	0.4	19.0

3. 海藻酸的作用

（1）改良土壤。海藻酸是一种天然生物制剂，它含有的天然化合物如藻朊酸钠是天然的土壤调理剂，能促进土壤团粒结构的形成，改善土壤内部孔隙空间，协调土壤中固、液、气三者比例，恢复由于土壤负担过重和化学污染而被破坏的天然胶质平衡，增加土壤生物活力，促进速效养分的释放。

（2）刺激植物生长。海藻中所特有的海藻多糖、高度不饱和脂肪酸等物质，具有很高的生物活性，可刺激植物体内产生植物生长调节剂，如生长素、细胞分裂素类物质和赤霉素等，具有调节内源激素平衡的作用。

（3）为植物提供营养。海藻酸含有钾、磷、钙、镁、锌、碘约40种营养元素和丰富的维生素，可以直接被作物吸收利用，改善作物的营养状况，增加叶绿素含量。

（4）延长肥效。海藻多糖与矿物营养形成螯合物，可以使营养元素缓慢释放，延长肥效。

▶ （四）木醋液

1. 木醋液概念

木醋液也叫植物酸，是以木屑、稻壳和秸秆等植物废弃物为原料，在无氧条件下干馏或者热解后的气体产物经冷凝得到的液体组分，进一步加工后的物质的总称，是一种成分非常复杂的混合物。木醋液的性质因原料和加工工艺不同而异，所以在木醋液名称前应加上原料名称，如桦木醋液、柞木醋液、硬杂木醋液、竹木醋液和稻壳木醋液等。我国北方研究以硬杂木醋液为主，南方以竹木醋液或稻壳木醋液为主。竹木醋液还可以根据竹子种类不同，分为很多种类。

2. 木醋液成分

木醋液的成分种类和含量因原材料的种类、含水率、热

分解方法、采集工艺、存放时间和精制方法等不同而异
（表5-2）。木醋液的成分涉及许多种类的化合物，其中大
多数是微量成分，其主要成分是水，其次是有机酸、酚类、
醇类、酮类及其衍生物等多种有机化合物。酸类物质是木醋
液中最具特征的成分，在木醋液中的含量除水之外为最高，
往往占有机物的50%以上。木醋液中的其他成分还有胺类、
甲胺类、二甲胺类、吡咯类等分子中含氮的碱类物质以及
钾、钙、镁、锌、锰、铁等元素。

表5-2 木醋液的成分

化合物名称及匹配度	质量百分比（%）	化合物名称及匹配度	质量百分比（%）
乙酸98	5.111 7	2-甲氧基苯酚98	0.595 9
丙酸97	0.376 7	3-乙基-4,4-二甲基-2-戊烯	0.077 9
四氢糠醇87	0.022 7	3-乙烯基环己酮83	0.050 3
2,2-二甲氧基丁烷92	0.024 4	2,3-二甲基-4-羟基-2-丁内酯75	0.029 2
4-苄基-1,3-恶唑烷-2-酮73	0.009 7	2,6-二甲基对苯醌73	0.043 8
丙酸丙酯87	0.024 4	2-甲基-3-羟基吡喃酮86	0.030 9
环戊酮94	0.128 3	3-乙基-2-羟基-2-环戊烯-1-酮95	0.196 5
丁酸88	0.052 0	2-甲基二环［2.2.2］辛烷81	0.047 1
3,5-二甲基吡唑-1-甲醇87	0.332 9	戊二羧酸二甲酯76	0.019 5
2-甲基环戊酮88	0.024 4	乙酰基环己烷73	0.040 6
3-甲基环戊酮86	0.008 1	2-乙基-2-甲基-1,3-环戊二酮74	0.029 2
二甲基丁酸82	0.011 4	2,3-二甲酚92	0.129 9
2-硝基戊烷84/4,5-二甲基-1-己烯	0.084 4	2,3-二甲酚85	0.133 2

（续）

化合物名称及匹配度	质量百分比（%）	化合物名称及匹配度	质量百分比（%）
乙酰基甲基酯 96	0.131 5	2-甲氧基-6-甲基苯酚 83	0.077 9
2-甲基-2-环戊烯酮 92	0.152 6	2-甲氧基-4-甲基酚 87	0.037 3
2-乙酰基呋喃 86	0.172 1	2-甲氧基对甲酚 96	0.290 7
丁酸乙烯基酯 92	0.022 7	2,3-二酚 80	0.047 1
2-环戊烯-1-酮 89	0.077 9	3-丙基-2-羟基-2-环戊烯酮	0.050 3
2,5-己二酮 94	0.0373	3-（α-乙基呋喃基）丙烯醛 83	0.021 1
2-环己烯酮 92	0.014 6	2,6-二甲氧基酚 79	0.056 8
二环［3.1.1］庚-2-酮 82	0.052 0	2,5-二甲氧基甲苯 80	0.352 4
并环戊二烯 81	0.014 6	茚满-1-酮 91	0.061 7
二羟基吡啶 83	0.581 3	3-羟基-2-（2-甲基环己-1-烯基）丙醛 69	0.103 9
3-甲基-2-环戊烯-1-酮 86	0.191 6	2-羟基-1,3-二甲氧基苯 91	1.705 0
2-糠酸甲酯 78	0.048 7	1,2,4-三甲氧基苯 83	0.557 0
苯酚 97	0.370 2	2-甲氧基-4-丙烯基苯酚 81	0.113 7
甲基乙酰丙酸 94	0.043 8	1-（4-羟基-3-甲氧基苯基）乙酮 87	0.095 8
3,4-二甲基-2-环戊烯-1-酮	0.017 9	1,2,3-三甲氧基-5-甲基苯 82	0.319 9
2,5-二氢-3,5-二甲基-2-呋喃酮 86	0.099 1	1-（4-羟基-3-甲氧基苯基）-2-丙酮 91	0.225 7
4 氢-2-呋喃甲醇 93	0.183 5	8-羟基-2H-苯并吡喃-2-酮 62	0.047 1
1,4-二酮-2,5-环己二烯 85	0.037 3	2,6-二甲氧基-4-烯丙基苯酚 63	0.050 3
1,2-环戊二酮 96	0.508 2	3,4-二乙基，二甲基酯 74	0.081 2
2,3-二甲基-2-环戊烯-1-酮 94	0.123 4	丁香醛 64	0.058 5
乙醛二甲基缩醛 79	0.050 3	3,5-二甲氧基-4-羟基苯基丙烯	0.084 4

（续）

化合物名称 及匹配度	质量百分 比（%）	化合物名称 及匹配度	质量百分 比（%）
1-羟基-4-甲氧基-吡啶 77	0.175 4	1-（4-羟基-3,5- 二甲氧基苯基）乙酮 85	0.116 9
邻甲基苯酚 94	0.212 7	3,5-二甲氧基-4- 羟基苯基乙酸 77	0.211 1
2,3,4-三甲基- 2-环戊烯-1-酮 85	0.024 4	长链酯 70	0.019 5
3-甲基苯酚 94	0.436 8	总有机相	16.238
1-（6-氧杂二环［3.1.0］ 己-1-基）乙酮 81	0.037 3	水相	83.762

3. 木醋液性质

黄褐色酸（碱）性液体，对食品有增香、除臭和防腐作用；闪点 112℃；溶于水和乙醇；沸点 99℃；pH 与比重因采用生产材料和生产工艺等不同而有差异，大体差异见表 5-3。

表 5-3　不同生产材料的木醋液 pH 差异

材料	硬杂木 醋液	苹果木 醋液	杨木醋液	花生壳 木醋液	竹木醋液	稻壳木醋液
pH	2.87	3.36	3.10	3.01	3.31	7.8
比重	1.013 0	0.999 5	0.992 0	1.000 4	0.999 0	1.002 0

4. 木醋液在农业上的应用

木醋液在日本、美国、韩国等国家的农业生产中均获得推广应用。木醋液在美国应用于花园园艺和林果业等方面。相比较而言，日本对木醋液的应用最为普遍，每年大约生产 50 000t 的木醋液，其中约有一半应用于农业生产，主要用于促进作物生长及控制线虫、病原菌和病毒等。

我国台湾地区对木醋液的研究特别是应用研究起步也较

早，主要应用于林果业、促进作物生长和病虫害防治等。我国内陆地区有些科研单位从 1989 年开始对木醋液也相继开展了研究工作，但在实际应用方面起步较晚。

（1）调节土壤 pH。木醋液是一种强酸性溶液或碱性溶液，因此可以用于调节土壤 pH。

①东北地区水稻育苗基床调节 pH。根据土壤实际 pH，每 $360m^2$ 施用 500mL 酸性木醋液 300 倍液，均匀喷施在基床上。

②东北地区水稻育苗苗床土调节 pH。根据土壤实际 pH，在铺完底土的苗床上，每 $360m^2$ 均匀喷施 500mL 稀释 300 倍的酸性木醋液。

③东北地区秧苗生育期调节 pH。水稻 2 叶期是秧苗生育转型期，此时期调节土壤 pH，能有效控制水稻立枯病、青枯病的发生。在铺完底土的苗床上，每 $360m^2$ 均匀喷施稀释 300 倍的酸性木醋液 500mL。

④酸性土壤调节 pH。南方、中原地区和黄淮流域酸性土壤可用碱性木醋液水溶肥进行调节。

（2）土壤消毒。将木醋液喷洒在土壤中，能有效抑制阻碍植物生长的微生物类的繁殖，可以预防种子的立枯病；有杀死根结线虫等害虫的作用，因此可用于土壤消毒。

（3）刺激植物生长（类植物生长调节剂作用）。

①生根剂作用。木醋液能够提高农作物的根系活力指数，促进农作物的发根力。据李桂花等人研究，不同来源和不同浓度的木醋液（200 倍以下）对水稻发根能力的加强作用均比空白对照强，以 500～700 倍稻壳木醋液加强水稻的发根能力为最好。据杨华研究，用含有木醋液的基质进行大白菜、小白菜、萝卜、水萝卜和黄瓜的育苗栽培，结果表

明，木醋液对其幼苗根系发育均有很好的促进作用。据临沂市农业科学院范永强研究，在番茄、黄瓜、西葫芦、草莓和油菜等作物移栽后冲施木醋液，在茼蒿、菠菜等蔬菜的苗期冲施木醋液，对其根系发育均具有显著的促进作用。小麦播种后，冲施木醋液，可显著增强小麦的发根力。

②促果实膨大。据临沂市农业科学院范永强研究，在桃树开花前喷施酸性木醋液 80 倍液，谢花后 20d 桃的单果重提高 28.3%。桃树套袋前，结合病虫害防治，喷施 60 倍木醋液，采收期桃的单果重能增加 35.8%。

③延缓衰老。据临沂市农业科学院范永强研究，在桃树谢花后，结合病虫害防治，喷施酸性木醋液 100～150 倍液，连续喷施 2 次，较不喷施的桃树落叶晚 7～10d。据范永强进行小麦沙培盆栽试验研究，小麦播种后冲施木醋液，可延缓小麦枯死。

④提高作物的叶绿素含量。据临沂市农业科学院范永强研究，在桃树和苹果膨果期喷施酸性木醋液 100～150 倍液，施后 15d 调查，桃树和苹果树的叶绿素含量均有显著提高，桃树叶绿素含量较空白对照提高 24.7%，苹果树叶绿素含量较空白对照提高 32.1%。

（4）对杀虫剂的增效作用（农药增效剂）。据临沂市农业科学院研究，结合防治桃小绿叶蝉，喷施 150 倍的酸性木醋液，防治效果提高 46.2%；结合防治茶小绿叶蝉，喷施 150 倍的酸性木醋液，防治效果提高 38.7%；桃树谢花后结合防治桃蚜，喷施 150 倍的酸性木醋液，防治效果提高 31.1%。

（5）钝化重金属。

①对重金属镉的钝化。在装有土壤、木醋液和含磷化合

物的栽培盆内种植油菜进行盆栽实验，另设对照组，实验表明，木醋液能促进油菜对碳酸钙中镉的吸收利用，减少油菜对磷酸钙、溶磷肥料和堆肥中镉的吸收利用（图5-1）。

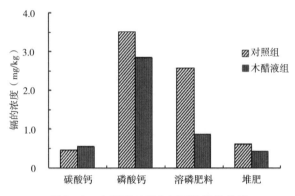

图5-1　木醋液对重金属镉的钝化效果

②对铜的钝化作用。利用上述油菜盆栽实验发现，木醋液能促进油菜对碳酸钙中铜的吸收利用，能减少油菜对溶磷肥料和堆肥中铜的吸收利用，对磷酸钙中的铜的吸收几乎没有影响（图5-2）。

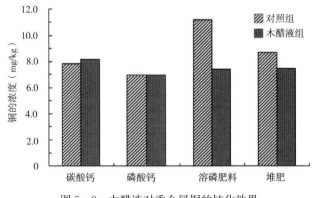

图5-2　木醋液对重金属铜的钝化效果

（6）促进植物对磷和钙的吸收利用。

①对磷的吸收利用。利用上述油菜盆栽实验发现，木醋液能促进油菜对磷酸钙和堆肥中磷的吸收利用，相反对油菜吸收利用碳酸钙和溶磷肥料中的磷不利（图 5-3）。

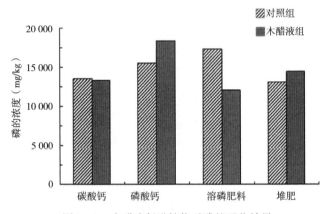

图 5-3　木醋液促进植物对磷的吸收效果

②对钙的吸收利用。利用油菜盆栽试验发现，木醋液能促进油菜对碳酸钙中钙的吸收利用，相反对油菜吸收利用磷酸钙、溶磷肥料和堆肥中的钙不利（图 5-4）。

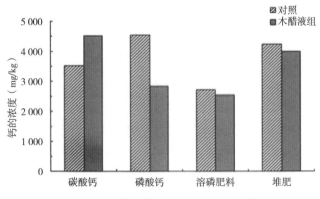

图 5-4　木醋液提高植株对钙的吸收效果

（7）含木醋液的植物源生物刺激素。

①果树清园剂。由临沂市农业科学院范永强研制的"一种促进植物生长持效期长的果树清园用农药水剂"获国家发明专利（国家发明专利号：ZL 201710576849.7），其原料组分及其稀释倍数为酸性木醋液80倍、30％苯甲·丙环唑乳油2 000～3 000倍、2.5％高效氯氟氰菊酯水乳剂500倍、40％毒死蜱乳油500倍，在桃（大樱桃、杏、梨等）开花前5～7d、苹果（葡萄、冬枣等）萌芽前5～7d喷施树干，能够代替石硫合剂，具有较好的杀虫杀菌作用，且较喷石硫合剂早开花或早发芽3～5d，还具有诱导防止倒春寒的作用。

②木醋液氨基酸叶面肥。禾本科作物（小麦、水稻等），以及设施、露地栽培草莓或果树，结合病虫害防治，喷施150～200倍液。

③木醋液水溶性肥料。露地栽培或设施栽培草莓移栽前，设施栽培草莓上棚升温后，设施栽培蔬菜或当年生花卉移栽后每亩冲施5～10L。块茎类（山药、地瓜、马铃薯）、辛辣类（大蒜、大姜、大葱）作物移栽后，块根类（萝卜、甜菜）作物在块根膨大前，结合浇水每亩冲施5～10L。

▶ （五）甲壳素

1. 概念

甲壳素又称甲壳质、几丁质、壳多糖、明角质、聚乙酰氨基葡糖，经脱乙酰化后称为壳聚糖。英文名称 Chitin，分子式$(C_8H_{13}NO_5)_n$，分子量$(203.19)_n$。外观为类白色无定形物质，无臭、无味，能溶于含8％氯化锂的二甲基乙酰胺或浓酸，不溶于水、稀酸、碱、乙醇等溶剂。自然界中甲壳素广泛存在于菌类细胞壁和甲壳动物如虾、蟹和昆虫等的外壳中。它是一种线型的高分子多糖，即天然的中性黏多糖，若经浓碱处理去掉乙酰基即得脱乙酰壳多糖。甲壳素化学性质不活泼，与体液不发生反应，对组织不起异物反应。

2. 甲壳素的作用

（1）净化和改良土壤。甲壳素进入土壤后成为土壤有益微生物的营养源，可以大大促使有益细菌如固氮菌、纤维分解菌、乳酸菌、放线菌的增殖，抑制有害细菌如霉菌、丝状菌的生长。用甲壳素灌根 1 次，15d 后测定，有益菌如纤维分解细菌、自生固氮细菌、乳酸菌数量增加 10 倍，放线菌数量增加 30 倍。霉菌数量是对照的 1/10，其他丝状真菌数量是对照的 1/15。微生物的大量繁殖可促进土壤团粒结构的形成，改善土壤的理化性质，增强土壤透气性和保水保肥能力，从而为根系提供良好的土壤微生态环境，使土壤中的多种养分处于有效活化状态，可提高养分利用率，减少化学肥料用量。同时，放线菌分泌出抗生素类物质可抑制有害菌的生长，乳酸菌本身可以杀灭有害菌，从而净化土壤、消除土壤连作障碍。

（2）螯合作用。甲壳素分子结构中含有氨基（—NH$_2$），与土壤中钾、钙、镁和微量元素铁、铜、锌、锰、钼等阳离子能产生螯合作用，供作物吸收利用，从而提高化肥利用率，减少化肥使用量。甲壳素分子结构中的氨基（—NH$_2$）对氢离子（H$^+$），醛基（—CHO）、羟基（—OH）对氢氧根（OH$^-$）都有很强的吸附能力，因此可有效地调节土壤 pH。

（3）提高产量，改善品质。甲壳素对作物的增产作用和提高品质作用十分突出。甲壳素促使有益微生物加快繁殖，有利于土壤中的有机无机大分子的高效分解，促进作物吸收养分。此外，甲壳素衍生物可以激活、增强植株的生理生化机制，促使根系发达和茎叶粗壮，增强作物利用水肥的能力和光合作用等。用甲壳素处理粮食作物种子，可增产5%～15%；果蔬类作物用甲壳素喷灌等，可增产20%～40%。甲壳素还可以改善作物的品质，比如，增加粮食中蛋白质的含量以及果蔬中可溶性糖的含量。

二、矿物源生物刺激素及红外线

矿物源生物刺激素是受红外线响应发挥作用。

1. 红外线的基本概念

红光外侧的光线，被称为红外光，又称红外线，是一种具有热效应的电磁波。红外线的波长范围很宽，人们按照波长范围将红外线划分为近红外线、中红外线及远红外线。

2. 红外线的来源

自然界有无数的远红外线放射源，如宇宙中的星体（如太阳）等；还有地球上的海洋、山岭、土壤、森林、城市、乡村以及人类生产制造出来的各种物品，在温度-273.15℃以上的环境中，很多物质都不同程度地发射出红外线。我们生产和生活中常见的发射红外线的物质有以下几种。

（1）生物炭。如高温竹炭、竹炭粉、竹炭粉纤维及其各种制品等。

（2）碳纤维制品。如用来取暖的碳纤维地暖片、碳纤维发热电缆、碳纤维暖气片等，在产生热量的同时，会产生85%左右的远红外线辐射热量。

（3）电气石。如电气石原矿、电气石颗粒、电气石粉、电气石微粉纺织纤维及其各种制品等。

（4）玉石。含有对人体有益的各种微量元素，如锌、硒、锰等可透过皮肤被人体吸收，加热后可散发有益于人体的远红外线。中国自古就有"玉养人"之说。

3. 红外线对矿物源生物刺激素的响应原理

（1）光子生物分子激活剂作用。一种红外线响应的肥料增效剂能散发较强的远红外线（波段 $2\sim6\mu m$），该远红外线有较强的渗透力和辐射力，具有显著的温控效应和共振效应，它易被作物吸收并转化为作物的内能，使生物体的分子能级被激发而处于较高震动能级，从而激活核酸蛋白质等生物大分子的活性，使生物体细胞处于最高振动能级，生物细胞产生共振效应，促进生物体内的各种循环，强化各组织之间的新陈代谢，增加组织的再生能力，提高机体的免疫能力，从而发挥生物大分子调节生物体代谢、免疫等活动的功能，有利于生物体能的恢复和平衡，达到防治病害的目的。

（2）改变水分子结构。红外线可使体内水分子产生共振，使水分子活化，水温升高，密度减小，离子积增大，增强其分子间的结合力，从而导致植物生长发育速度加快，植物体内水中的溶解氧浓度增加，分解农药残留的能力加强。

4. 一种散发超强远红外线的红外线光肥

（1）组成成分与加工工艺。以特有的矿石（内蒙古）麦饭石、火山石、二钾石、砭石和木鱼石等岩石为原料，经破碎—搅拌混合—低温烧制（或蒸煮）—破碎—高温烧制—破碎—添加多种微量元素—粉筛—包装而成。

（2）在农业生产中的应用。

①促进农作物种子萌发，增强农作物种子萌发过程中的抗逆性（抗酸、抗盐碱、抗寒等），增强发芽势和提高发芽率。据临沂市农业科学院范永强和山东德寿生态农业发展有限公司王寿峰研究（表5-4），在土壤pH为4.1的沙壤土上栽植水稻，栽植前结合施肥每亩施用红外线光肥，能明显提高水稻的抗酸性，促进水稻的生长，其中株高较对照增加10.0cm，提高18.2%；单株有效分蘖增加1个，较对照增加10.0%；显著增加穗粒数，较对照增加15.1粒，提高20.1%；明显提高千粒重，较对照增加2.2g，较对照提高9.2%。

表5-4 红外线光肥（蒙山红陶）对水稻抗酸性的影响

处理	远红外线光肥	对照	增减（%）
株高（cm）	65	55	+18.2
单株有效分蘖（个）	11	10	+10.0
穗粒数（粒）	90.4	75.3	+20.1
千粒重（g）	26.1	23.9	+9.2

据临沂市农业科学院范永强和山东德寿生态农业发展有限公司王寿峰研究，在土壤pH为4.1的沙壤土上栽植小麦，播种前结合施肥每亩施用红外线光肥，可明显提高小麦的抗酸性，促进小麦的生长，其中株高较对照增加6.9cm，提高16.2%；单株有效分蘖增加1.3个，较对照增加13.6%；穗

粒数显著增加，较对照增加 11.2 粒，提高 18.1%；千粒重明显增加，较对照增加 1.9g，较对照提高 8.8%。

据临沂市农业科学院范永强研究，用 1 000 目的红外线光肥拌小麦种（每 12.5kg 种子用量 100g），能明显提高小麦的发芽势和发芽率（表 5-5）。

表 5-5   红外线光肥拌种对小麦发芽的影响

处理	对照	红外线光肥拌种	增减（%）
发芽率（%）	70.1	85.9	+22.5
根长（cm）	6.8	7.5	+10.3
根重（g）	11.6	13.2	+13.8
株高（cm）	15.7	16.7	+6.4

②提高作物的抗碱性。据临沂市农业科学院范永强和山东德寿生态农业发展有限公司王寿峰研究，在土壤 pH 为 8.9 的沙壤土上种植小白菜，播种前结合施肥施入红外线光肥，能明显提高小白菜的抗碱性，促进小白菜的生长，其中单株重量较对照提高 40.8%。

③提高作物的抗寒性。据临沂市农业科学院范永强和山东德寿生态农业发展有限公司王寿峰研究，种植大蒜前结合施肥，每亩施用 10kg 红外线光肥，能明显提高大蒜的抗冻性。

据临沂市农业科学院范永强和山东德寿生态农业发展有限公司王寿峰研究（2018 年 10 月），结合桃（映霜红）秋季施肥，每株追施 0.5kg 远红外线光肥，2019 年大蒜受早春倒春寒影响显著减轻，开花期提前 3d，坐果率较对照提高 36.2%。

④提高产量和品质。据临沂市农业科学院范永强和山东德寿生态农业发展有限公司王寿峰研究，在黑皮鸡枞菌生产床上每亩施用 30kg 红外线光肥（蒙山红陶粉剂），能够提高黑皮鸡枞菌的发菇率和生长速度，发菇率较对照提高28.8%，产量较对照提高 51.4%。

据临沂市农业科学院范永强和山东德寿生态农业发展有限公司王寿峰研究，2018 年结合桃（映霜红）秋季施肥，每株追施 0.5kg 红外线光肥，2019 年秋季桃品上色提前 5d，桃的可溶性固形物含量较对照的 15.3% 提高到 18.4%，硬度提高 4.2kg/cm² 。

⑤增加果品的保质期。据山东省农业科学院陈蕾蕾研究，在 26℃的恒温条件下用可以散发超强远红外线的蒙山红陶保鲜盒储存大樱桃 48h，大樱桃腐烂率较对照降低 54.5%。

5. 施用方法

（1）一年生设施蔬菜或花卉的施用方法，移栽前结合基肥每亩撒施 5.0～15.0kg 红外线光肥。

（2）多年生设施栽培花卉或果树施用方法，生育期间结合追肥每亩施用 10.0～15.0kg 红外线光肥。

三、添加生物刺激素的肥料

1. 添加腐植酸尿素肥料

（1）工艺。通过尿素造粒工艺技术制成含腐植酸尿素。

（2）执行标准《含腐植酸尿素》（HG/T 5045—2016）（表 5-6）。

表 5-6　含腐植酸尿素的要求

项目	指标
总氮（N）的质量分数（%）≥	45
腐植酸的质量分数（%）≥	0.12
氨挥发抑制率（%）≥	5.0
缩二脲的质量分数（%）≤	1.5
水分[a]（%）≤	1.0
亚甲基二脲[b]（以 HCHO 计）的质量分数（%）≤	0.6
粒度[c]（%），$d0.85\sim2.80mm$≥	90
粒度[c]（%），$d1.18\sim3.35mm$≥	90
粒度[c]（%），$d2.00\sim4.75mm$≥	90
粒度[c]（%），$d4.00\sim8.00mm$≥	90

a. 水分以生产企业出厂检验数据为准。

b. 若尿素生产工艺不加甲醛，可不做亚甲基二脲含量的测定。

c. 只需符合四档中的任一档即可，包装标识中应标明粒径范围。

2. 添加腐植酸复合肥料

（1）加工工艺。以风化煤、褐煤、泥炭为原料进行腐植酸提取，经过腐植酸活化后与无机肥料配制成腐植酸复合肥料。

（2）执行标准《腐植酸复合肥料》（HG/T 5046—2016）（表 5-7）。

表 5-7　腐植酸复合肥料要求

项目	指标		
	高浓度	中浓度	低浓度
总养分（$N+P_2O_5+K_2O$）的质量分数[a]（%）≥	40.0	30.0	25.0
水溶性磷占有效磷百分数[b]（%）≥	60.0	50.0	40.0
活化腐植酸含量（以质量分数计）（%）≥	1.0	2.0	3.0

（续）

项目	指标		
	高浓度	中浓度	低浓度
总腐植酸含量（以质量分数计）（%）≥	2.0	4.0	6.0
水分（H_2O）质量分数c（%）≤	2.0	2.5	5.0
粒度（1.00~4.75mm 或 3.35~5.60mm)d（%）≥	90.0		
未标含"氯"的产品氯离子质量分数e（%）≤	3.0		
标识含"氯（低氯）"的产品氯离子质量分数e（%）≤	15.0		
标识含"氯（中氯）"的产品氯离子质量分数e（%）≤	30.0		

a. 表明的单一养分含量不得低于 4.0%，且单一养分测定值与表明值负偏差的绝对值不得大于 1.5%。

b. 以钙镁磷肥等枸溶性磷肥为基础磷肥并在包装容器上注明"枸溶性磷"时，"水溶性磷占有效磷百分率"项目不做检验和判定；若为氮、钾二元素肥料，"水溶性磷占有效磷百分率"项目不做检验和判定。

c. 水分以出厂检验数据为准。

d. 当用户对粒度有特殊要求时，可由供需双方协议确定。

e. 氯离子质量分数大于 30%的产品，应在包装上表明"含氯（高氯）"标识，"含氯（高氯）"产品氯离子质量分数可不做检验和判定。

3. 含海藻酸尿素

（1）生产工艺。以海藻为主要原料制备海藻酸增效液，添加到尿素生产过程中，通过尿素造粒工艺制成海藻酸尿素。

（2）执行标准《含海藻酸尿素》（HG/T 5049—2016）（表 5-8）。

表 5-8 含海藻酸尿素要求

项目	指标
总氮（N）的质量分数（%）≥	45.0
海藻酸的质量分数（%）≥	0.03

（续）

项目	指标
氨挥发抑制率（%）≥	5.0
缩二脲的质量分数（%）≤	1.5
水分[a]（%）≤	1.0
亚甲基二脲[b]（以 HCHO 计）的质量分数（%）≤	0.6
粒度[c]（%），d0.85~2.80mm≥	90.0
粒度[c]（%），d1.18~3.35mm≥	90.0
粒度[c]（%），d2.00~4.75mm≥	90.0
粒度[c]（%），d4.00~8.00mm≥	90.0

a. 水分以生产企业出厂检验数据为准。
b. 若尿素生产工艺不加甲醛，可不做亚甲基二脲含量的测定。
c. 只需符合四档中的任一档即可，包装标识中应标明粒径范围。

4. 海藻酸类肥料

（1）加工工艺。以海藻为主要原料制备海藻酸增效液，添加到肥料生产过程中制成含有一定海藻酸的海藻酸包膜尿素，再将含海藻酸包膜尿素与其他肥料混合制成海藻酸复合肥、海藻酸掺混肥和海藻酸水溶肥。

（2）执行标准。《海藻酸类肥料》（HG/T 5050—2016）（表 5-9 至表 5-12）。

表 5-9　海藻酸包膜尿素要求

项目	指标
总氮（N）的质量分数（%）≥	45.0
海藻酸的质量分数（%）≥	0.05
氨挥发抑制率（%）≥	10.0
粒度（2.00~4.75mm）（%）≥	90.0

第五章 生物刺激素肥料

表 5－10 含部分海藻酸包膜尿素的掺混肥料要求

项目	指标
海藻酸的质量分数（%）≥	0.02
海藻酸包膜尿素氮占尿素总氮的质量分数（%）≥	40.0

注：海藻酸包膜尿素应符合表 5－9 的要求。

表 5－11 海藻酸复合肥料要求

项目	指标
海藻酸的质量分数（%）≥	0.05
氨挥发抑制率[a]（%）≥	5

a. 不含尿素的复合肥产品不检测该项指标。

表 5－12 含海藻酸水溶肥要求

项目	指标
海藻酸的质量分数（%）≥	1.5

第六章

土壤调理型肥料

一、土壤调理剂的基本概念

土壤调理剂是指施入障碍土壤中，能改善土壤物理、化学和/或生物性状，适用于改善土壤结构、减轻土壤盐碱危害、调节土壤酸碱度、改善土壤水分状况或修复污染土壤等[《土壤调理剂　通用要求》（NY/T 3034—2016）]。

二、土壤调理剂的分类

根据原料的来源和加工工艺，土壤调理剂可以分为矿物源土壤调理剂、有机源土壤调理剂和化学源土壤调理剂三大类，其主要成分标识如表6-1。

表6-1　土壤调理技术标准

土壤调理剂类型	固态
矿物源土壤调理剂	至少标明其所含钙、镁、硅、磷和钾等主要成分及含量、pH、粒度和细度、有害有毒成分限量等
有机源土壤调理剂	至少应标明有机成分及含量、pH、粒度和细度、有害有毒成分限量等，所标明的成分应有明确的界定，不应有重复叠加

（续）

土壤调理剂类型	固态
化学源土壤调理剂	至少标明其所含主要成分及含量、粒度和细度、有害有毒成分限量等

1. 矿物源土壤调理剂

一般由富含钙、镁、硅、磷和钾等的矿物经标准化工艺或无害化处理加工而成，用于增加矿物养料以改善土壤物理、化学和生物性质。

2. 有机源土壤调理剂

一般由有机物原料经标准化工艺进行无害化加工而成，用于为土壤微生物提供所需养料，增加土壤微生物的活性以提高土壤生物肥力而改善土壤物理、化学和生物性质。

3. 化学源土壤调理剂

由化学制剂经标准化工艺加工而成，用于直接改善土壤物理、化学和生物性质。

三、以氰氨化钙（石灰氮）为主要原料的新型矿物源土壤调理剂

据临沂市农业科学院范永强研究，用石灰氮和硫化氢反应生产硫脲（CH_4N_2S）和氢氧化钙 $[Ca(OH)_2]$，可作为土壤调理剂使用。氢氧化钙的 pH 达到 $10.0 \sim 12.0$，是一种非常好的土壤调理剂。

▶ **（一）配方**

以氢氧化钙为主要原料，添加辅料材料如七水硫酸锌

(ZnSO₄·7H₂O)、七水硫酸亚铁（FeSO₄·7H₂O）、硫酸锰（MnSO₄）、五水硫酸铜［Cu（H₂O）₄·5H₂O］和硼砂（Na₂B₄O₇·10H₂O）等。

（二）主要技术指标

pH 10.0~12.0；钙（CaO）的含量>30%。

（三）生产工艺

原料混合—造粒—烘干—包装。

（四）在农业生产中的作用

据临沂市农业科学院范永强研究，2016年10月在临沂市临港经济开发区团林镇团林村的强酸性（pH为4.05）沙壤土上种植小麦、2017年6月种植玉米、2018年4月种植花生，三季作物种植前结合基肥分别每亩施用该矿物源土壤调理剂80kg，2018年9月花生收获后取土分析土壤矿物养分状况。

1. 调节土壤pH

在该实验的基础上，增施该矿物源土壤调理剂的土壤pH 2018年提高到4.7，较2016年提高了0.65，较对照2018的土壤pH提高了0.9（表6-2）。

表6-2　土壤调理剂对土壤pH的影响

处理	2016年	2018年	变化幅度
土壤调理剂处理	4.05	4.7	+0.65
对照	4.05	3.8	-0.25

2. 对土壤矿物养分状况的影响

连续施用该矿物源土壤调理剂，能够提高土壤有机质、硝态氮（$NO_3^- $-N）、有效钙（CaO）、有效硫（S）、有效铁（Fe）、有效锌（Zn）和有效硼（B）的含量，分别较对照提高 35.4%、79.5%、80.4%、210.3%、10.4%、38.7% 和 25.0%；同时，施用该矿物源土壤调理剂使土壤的铵态氮（NH_4^+-N）、有效磷（P_2O_5）、有效钾（K_2O）和有效镁（Mg）含量有降低趋势，分别较对照降低 23.8%、12.5%、6.6% 和 51.7%（表 6-3）。

表 6-3　土壤调理剂对土壤养分状况的影响

项目	对照	处理	增减（%）
有机质（g/kg）	0.65	0.88	+35.4
NH_4^+-N（mg/kg）	62.6	47.7	−23.8
NO_3^--N（mg/kg）	13.2	23.7	+79.5
P_2O_5（mg/kg）	142.5	124.7	−12.5
K_2O（mg/kg）	78.4	73.2	−6.6
CaO（mg/kg）	293.7	529.9	+80.4
Mg（mg/kg）	89.8	43.4	−51.7
S（mg/kg）	6.8	21.1	+210.3
Fe（mg/kg）	266.4	294.2	+10.4
Zn（mg/kg）	3.1	4.3	+38.7
B（mg/kg）	1.2	1.5	+25.0

3. 增产作用

在该实验的基础上，2016/2017 年度小麦较对照增产 64%，2017 年玉米产量较对照增产 76.2%，2018 年花生产量较对照增产 80%，2018/2019 年度小麦产量增加了 411.8%。因此，随着施用年限的增加，种植农作物的产量增加更明显（表 6-4）。

表 6-4　土壤调理剂对小麦、玉米和花生产量的影响（kg/亩）

处理	2016/2017 年度（小麦）	2017 年（玉米）	2108 年（花生）	2018/2019 年度（小麦）
土壤调理剂处理	256.2	486.2	370.7	321.4
对照	156.2	275.9	205.9	62.8
增减（%）	64.0	76.2	80.0	411.8

▶ （五）施用方法

（1）在酸性或强酸性土壤上，结合整地或施肥每亩施用 40～60kg 以石灰氮为主要原料的新型矿物源土壤调理剂。

（2）在不能进行高温闷棚的设施栽培生产中，可以结合基肥施用每亩撒施 100～150kg 以石灰氮为主要原料的新型矿物源土壤调理剂。

四、用磷石膏生产的新型矿物源土壤调理剂

▶ （一）磷石膏的主要成分

磷石膏的主要成分是二水硫酸钙（$CaSO_4 \cdot 2H_2O$），含量 85%～89%，含钙（CaO）27%～29%；pH 4.0 左右。

▶ （二）配方

以磷石膏为主要原料，添加辅料材料氢氧化钙、一种红外线响应的肥料增效剂、七水硫酸锌（$ZnSO_4 \cdot 7H_2O$）、七水硫酸亚铁（$FeSO_4 \cdot 7H_2O$）、硫酸锰（$MnSO_4$）、五水硫酸铜 [$Cu(H_2O)_4 \cdot 5H_2O$] 和硼砂（$Na_2B_4O_7 \cdot 10H_2O$）等制成。

（三）主要技术指标

酸性土壤调理剂：pH 10.0～12.0；钙（CaO）的含量＞25％。

碱性土壤调理剂：pH 5.0～6.0；钙（CaO）的含量＞20％。

（四）生产工艺

原料混合—造粒—烘干—包装。

（五）施用方法

碱性土壤结合整地或施肥每亩施用 40～60kg 用磷石膏生产的新型矿物源酸性土壤调理剂。

在酸性土壤上，结合整地或施肥每亩施用 20～30kg 用磷石膏生产的新型矿物源碱性土壤调理剂。

第七章

水溶性肥料

　　水溶性肥料是经水溶解或稀释，具有灌溉施肥、叶面施肥、无土栽培、浸种蘸根等用途的液体或固体产品，是一种可以完全溶于水的多元复合肥料。它能迅速地溶解于水中，更容易被作物吸收，而且吸收利用率相对较高。更为关键的是，它可以应用于喷滴灌等设施农业，实现水肥一体化，达到省水、省肥、省工的效果。根据水溶性肥料的形态，分为液态肥料（清水型和悬浮型）和固体肥料（粉剂和颗粒剂型）。

一、尿素硝酸铵溶液

▶ （一）生产工艺

　　由尿素溶液与硝酸铵溶液混合搅拌而成。

▶ （二）产品特点

　　尿素硝酸铵溶液是氮肥中的复合肥，含有三种形态氮元素，即硝态氮（NO_3^-）、铵态氮（NH_4^+）和酰胺态氮（$—CONH_2$）。常压为液态，无色，不易燃；极微腐蚀性，安全性能好；水溶性 100%，无任何杂质，利用率达 90%。配合喷雾器及灌溉系统施用尿素硝酸铵溶液，既高效、安全、环保，又多效、简单易用。尿素硝酸铵溶液具有极高的稳定性，能很好地兼容其他肥料和化学品，可与其他肥料及化学农药混合施用，一次施肥，实现多种用途，既省时，又省力（表7-1）。

表7-1　目前市场上常见的几种尿素硝酸铵溶液的物理指标

序号	氮含量（%）	硝酸铵（%）	尿素（%）	水（%）	比重（g/mL）	盐析温度（℃）
1	28	40.1	30.0	29.9	1.283	−18
2	30	42.2	32.7	25.1	1.303	−12
3	32	44.3	35.4	20.3	1.320	−2

二、聚磷酸铵溶液

▶ （一）生产工艺

作为肥料施用的聚磷酸铵是美国在20世纪60年代研发的。在管式反应器中，热法或湿法聚磷酸于高温条件下与氨气反应，生成聚磷酸铵溶液。热法聚磷酸生产的聚磷酸铵溶液种$N:P_2O_5$为11:37，湿法聚磷酸生产的聚磷酸铵溶液中$N:P_2O_5$为10:34。农用聚磷酸的聚合度通常为2～10。以含磷（P_2O_5）37%的聚磷酸铵为例，不同聚合度的磷含量为：正磷酸7.8%，焦磷酸11.4%，三聚磷酸8.5%，四聚磷酸4.4%，五聚磷酸2.6%，六聚及以上的2.3%。不同厂家的产品不同聚合度磷的含量存在差别。

▶ （二）产品特点

聚磷酸铵养分含量高，溶解性好，不易与土壤溶液中的钙、镁、铁、铝等元素的离子反应而使磷酸根失效。聚磷酸铵还具有螯合金属离子的作用，能提高诸如锌、锰等微量元素的活性。由于聚磷酸铵的优点，该产品在农业发达国家得到广泛使用，是液体肥料的主要品种。聚磷酸铵施入土壤后，在酶的作用下产生相当复杂的水解反应，因为聚磷酸铵溶液含有多种化合物如正磷酸、焦磷酸、三聚磷酸和更多元的聚合物，正磷酸盐是聚磷酸铵水解的最终产物。土壤或栽培基质的温度、水分、pH 和其他因素都会影响聚磷酸铵水解的速率，但一般水解的速率较快，可以在几个小时到几天内完成。通常作物只吸收正磷酸形态的磷，故聚磷酸铵水解速率决定了磷肥肥效的快慢。由于聚磷酸中有一部分为正磷酸，因此聚磷酸铵是一种速效长效结合的磷肥。

聚磷酸铵可作为氮磷二元复合肥料单独施用。一方面，国外已做了大量聚磷酸铵与磷酸一铵或磷酸二铵的对比试验，大部分情况下聚磷酸铵的肥效要优于磷酸一铵或磷酸二铵。另一方面，聚磷酸铵可完全溶解，相容性好，是液体肥料的重要基础原料。聚磷酸铵也可以与其他肥料如氯化钾、硝酸钾配成三元复混肥，与中微量元素肥料一起可以组成多种清液肥料或悬浮肥料。

三、焦磷酸钾

▶ （一）生产工艺

以磷酸和氢氧化钾为原料用中和煅烧法生产焦磷酸钾，反应式如下：

$$H_3PO_4 + 2KOH \rightarrow K_2HPO_4 + 2H_2O$$

$$2K_2HPO_4 \rightarrow K_4P_2O_7 + H_2O$$

将氢氧化钾和磷酸反应生成磷酸氢二钾溶液，经喷雾干燥得粉末，再用砖窑于 $350\sim400℃$ 焙烧制得产品，如需溶液产品可将粉体用去离子水溶解制得。

▶（二）产品特点

焦磷酸钾分子式为 $K_4P_2O_7$，为白色晶体粉末，溶于水，水溶液呈碱性，溶解度较大，$25℃$时在水中的溶解度为 187g，而同一条件下，磷酸二氢钾的溶解度仅仅达到 20 克，焦磷酸钾的溶解度是磷酸二氢钾的近 20 倍。焦磷酸钾具有其他聚合磷酸盐的所有性质。焦磷酸根离子（$P_2O_7{}^{4-}$）对于微细分散的固体具有很强的分散能力，能促进细微和微量物质的均一混合。

四、大（中、微）量元素水溶性肥料

▶（一）大（中、微）量元素水溶性肥料的特点

大（中、微）量元素水溶性肥料原材料纯度高，无杂质，电导率低，施用十分方便，即使对幼嫩的幼苗也十分安全，不用担心引起烧苗等不良后果，可放心施用于各种农作物及经济作物。

大（中、微）量元素水溶性肥料的水溶性能好，微量元素以螯合形态存在于产品中，保证被农作物完全有效地吸收，因此适合用于一切施肥系统，可用于底施、滴灌、喷灌、冲施、叶面喷施等，既节约水，又节约肥料，更节约劳动力。

除此以外，大（中、微）量元素水溶性肥还具有良好的

兼容性，可与多数农药（强碱性农药除外）混合使用，达到降低操作成本的目的。

（二）大（中、微）量元素水溶性肥料的国家标准

1. 大量元素水溶性肥料要求

大量元素水溶性肥料要求见表 7-2［《大量元素水溶肥料》（NY/T 1107—2020）］。

7-2 大量元素水溶性肥料要求

项目	固体产品	液体产品
大量元素含量[a]	≥50.0%	≥500g/L
水不溶物含量	≤1.0%	≤10g/L
水分（H_2O）含量	≤3.0%	

a. 大量元素含量指总 N、P_2O_5、K_2O 含量之和，产品应至少包含其中 2 种大量元素。单一大量元素含量不低于 4.0% 或 40g/L。各单一大量元素测定值与标明值负偏差的绝对值应不大于 1.5% 或 15g/L。

2. 中量元素水溶性肥料要求

中量元素水溶性肥料要求见表 7-3［《中量元素水溶肥料》（NY 2266—2012）］。

表 7-3 中量元素水溶性肥料要求

项目	固体产品	液体产品
中量元素含量[a]	≥10.0%	≥100g/L
水不溶物含量	≤5.0%	≤50g/L
pH（1:250 稀释）	3.0~9.0	3.0~9.0
水分（H_2O）含量	≤3.0%	

a. 中量元素含量指钙含量或镁含量或钙镁含量之和。含量不低于 1.0%（固）或 10g/L（液）的钙或镁元素均应计入中量元素含量中。硫含量不计入中量元素含量，仅在标识中标注。

3. 微量元素水溶性肥料要求

微量元素水溶性肥料要求见表 7 - 4［《微量元素水溶肥料》（NY 1428—2010）］。

表 7 - 4 微量元素水溶性肥料要求

项目	固体产品	液体产品
微量元素含量[a]	≥10.0%	≥100g/L
水不溶物含量	≤5.0%	≤50g/L
pH（1∶250 稀释）	3.0～10.0	3.0～10.0
水分（H₂O）含量	≤6.0%	

a. 微量元素含量指铜、铁、锰、锌、硼、钼元素含量之和。产品应至少包含一种微量元素。含量不低 0.05%（固）或 0.5g/L（液）的单一微量元素均应计入微量元素含量中。钼元素含量不高于 1.0%（固）或 10g/L（液）（单质含钼微量元素产品除外）。

4. 含氨基酸水溶性肥料要求（中量元素型）

含氨基酸水溶性肥料要求（中量元素型）见表 7 - 5［《含氨基酸水溶肥料》（NY 1429—2010）］。

表 7 - 5 含氨基酸水溶性肥料要求（中量元素型）

项目	固体产品	液体产品
游离氨基酸含量	≥10.0%	≥100g/L
中量元素含量[a]	≥3.0%	≥30g/L
水不溶物含量	≤5.0%	≤50g/L
pH（1∶250 稀释）	3.0～9.0	3.0～9.0
水分（H₂O）含量	≤4.0%	

a. 中量元素含量指钙、镁含量之和。产品应至少包含一种元素。含量不低于 0.1%（固）或 1g/L（液）的单一中量元素均应计入中量元素含量中。

5. 含氨基酸水溶性肥料要求（微量元素型）

含氨基酸水溶性肥料要求（微量元素型）见表 7 - 6

（NY 1429—2010）。

表 7-6　含氨基酸水溶性肥料要求（微量元素型）

项目	固体产品	液体产品
游离氨基酸含量	≥10.0%	≥100g/L
微量元素含量[a]	≥2.0%	≥20g/L
水不溶物含量	≤5.0%	≤50g/L
pH（1∶250 稀释）	3.0～9.0	3.0～9.0
水分（H_2O）含量	≤4.0%	

a. 微量元素含量指铜、铁、锰、锌、硼、钼元素含量之和。产品应至少包含一种微量元素。含量不低于 0.05%（固）或 0.5g/L（液）的单一微量元素均应计入微量元素含量中。钼元素含量不高于 0.5%（固）或 5g/L（液）。

6. 含腐植酸水溶性肥料要求（大量元素型）

含腐植酸水溶性肥料要求（大量元素型）见表 7-7 ［《含腐植酸水溶肥料》（NY 1106—2010）］。

表 7-7　含腐植酸水溶性肥料要求（大量元素型）

项目	固体产品	液体产品
腐植酸含量	≥3.0%	≥30g/L
大量元素含量[a]	≥20.0%	≥200g/L
水不溶物含量	≤5.0%	≤50g/L
pH（1∶250 稀释）	4.0～10.0	4.0～10.0
水分（H_2O）含量	≤5.0%	

a. 大量元素含量指总 N、P_2O_5、K_2O 含量之和。产品应至少包含两种大量元素。单一大量元素含量不低于 2.0%（固）或 20g/L（液）。

7. 含腐植酸水溶性肥料要求（微量元素型）

含腐植酸水溶性肥料要求（微量元素型）见表 7-8 （NY 1106—2010）。

表 7-8 含腐植酸水溶性肥料要求（微量元素型）

项目	粉剂指标
腐植酸含量	≥3.0%
微量元素含量[a]	≥6.0%
水不溶物含量	≤5.0%
pH（1∶250 稀释）	4.0～10.0
水分（H_2O）含量	≤5.0%

a. 微量元素含量指含铜、铁、锰、锌、硼、钼元素之和。产品应至少包含一种微量元素。含量不低于 0.05% 的单一微量元素均应计入微量元素含量中。钼元素含量不高于 0.5%。

参考文献
REFERENCES

陈冠霖，赵其国，鲁亚普，等，2021. 包膜型缓/控释肥料研究现状及其在功能农业中的应用展望［J］. 肥料与健康，48（3）：1-6.

陈怀满，1996. 土壤-植物系统中的重金属污染［M］. 北京：科学出版社.

范可正，冯元琦，曾宪坤，2001. 中国肥料手册［M］. 北京：中国化工信息中心，907.

范永强，张素梅，芮文利，2009. 花生施用氰氨化钙的增产效应［J］. 花生学报，38（3）：46-48.

范永强，2009. 桃树流胶病［M］. 济南：山东科学技术出版社.

范永强，2009. 庄伯伯实用技术手册［M］. 济南：山东科学技术出版社.

何威明，保万魁，王旭，2011. 氮肥增效剂及其效果评价的研究进展［J］. 中国土壤与肥料（3）：1-7.

蒋先军，骆永明，赵其国，2000. 重金属污染土壤的微生物学评价［J］. 土壤（3）：130-134.

李瑞美，何炎森，2003. 重金属污染与土壤微生物研究概况［J］. 福建热作科技，28（4）：41-43.

李思平，刘蕊，刘家欢，等，2022. 稳定性肥料产业发展创新及展望［J］. 现代化工，42（11）：1-8.

马丁 E. 特伦克尔，2002. 农业生产中的控释与稳定肥料［M］. 石元亮，孙毅，等，译. 北京：中国科学技术出版社.

王月祥，2009. 高分子缓释化肥的制备及肥效研究［D］. 太原：中北大学.

武志杰，陈利军，2003. 缓释/控释肥料：原理与应用［M］. 北京：科学出版社．

武志杰，石元亮，李东坡，等，2017. 稳定性肥料发展与展望［J］．植物营养与肥料学报，23（6）：1614-1621.

张福锁，2010. 主要作物高产高效技术规程［M］．北京：中国农业大学出版社．

张福锁，2011. 测土配方施肥技术［M］．北京：中国农业大学出版社．

赵秉强，许秀成，武志杰，等，2013. 新型肥料［M］．北京：科学出版社．

图书在版编目（CIP）数据

功能性肥料概论／王艳芹等著． -- 北京：中国农业出版社，2024.8. -- ISBN 978-7-109-32415-2

Ⅰ. S14

中国国家版本馆 CIP 数据核字第 20245LG056 号

功能性肥料概论

GONGNENGXING FEILIAO GAILUN

中国农业出版社出版

地址：北京市朝阳区麦子店街 18 号楼

邮编：100125

责任编辑：谢志新　郭晨茜

版式设计：王　晨　　责任校对：吴丽婷

印刷：北京印刷集团有限责任公司

版次：2024 年 8 月第 1 版

印次：2024 年 8 月北京第 1 次印刷

发行：新华书店北京发行所

开本：880mm×1230mm　1/32

印张：4.25

字数：100 千字

定价：48.00 元
